U0111954

大展好書　好書大展
品嘗好書　冠群可期

大展好書　好書大展
品嘗好書　冠群可期

休閒娛樂
12

家庭寵物犬訓練

（附專業訓犬師演示 VCD）

董大平　編著
楊　洋

大展出版社有限公司

前　言

　　狗是人類最忠實的朋友。你快樂，它會因你的快樂而歡天喜地；你孤獨失意，它會用溫暖的身體依偎著你，安慰你；當你遭到侵害時，它會奮不顧身地保護你；而當你被日常瑣事攪得心煩意亂時，看看它在你的身邊做什麼呢？它正在專注地啃著一塊骨頭，這塊骨頭會給它帶來一天的滿足，對它來說這就足夠了，它絕不擔心明天會怎樣。這時候，你不妨學學狗的單純，這位身邊的朋友將爲你展開一種全新的生活。

　　當你第一次把狗牽回家的時候，的確是件令人興奮的事，我想，你在接納這位朋友之前，已滿懷希望的準備好了享受它所帶來的快樂。但是，你有沒有想過，你的生活中多了這位好朋友的同時，也多了許多意想不到的麻煩。比如，當你忙碌了一天，回到家想好好休息一下時，這位過於盡職的朋友，卻爲任何一點風吹草動而吠叫不停；當你把它打扮得漂漂亮亮，想牽著它在人前展示你們的高貴典雅時，它卻興奮地亂竄，使你狼狽不堪，風度盡失；當你拿起手機想打電話時，卻發現你珍愛的手機已經被它咬得面目全非……

　　顯然，在你把這位朋友帶入你的家庭生活的時候，就有必要讓它懂得一點人類的生活規則。但是，假如我

們用粗暴的方式把人類的規則強加於它，難免會傷害它的感情，而且，一隻用打罵的方式教育出來的狗，很難成為我們的朋友，說它是奴僕或者工具也許更為確切。

我們主張以遊戲的方式來馴狗，讓它在玩耍中不知不覺地學會一些技能和禮儀。你很快就會看到，你的愛犬不僅活潑可愛、彬彬有禮，而且能為你叼來你想要的東西，找到你丟失的物品，甚至出色地完成幫助殘疾人的工作。

因此，真正有效的訓練是在人與狗之間建立良好的夥伴關係，讓狗在愛的氛圍中愉快地接受人的生活規則。本書正是從這一角度出發，對人與狗的關係進行了全新的闡釋，並對狗的心理和習性以及養狗、馴狗的種種問題做了詳盡的解答。

目　錄

第三章　狗的吃和住

第四章　狗的清潔與打扮

餵　養　篇

　　當你品嚐美味佳餚的時候，是否注意過你的夥伴？每當它用天眞而專注的眼神盯著你手裏的美食，你會毫不吝惜地分給它一些嗎？

　　狗的需要其實很簡單，只要有食物和窩，再加上一個溫柔的撫摸，它就會幸福地活在這個世界上。因此，狗往往表現出對人類更多的依賴——對主人的忠誠。

第一章 | 狗的生理和習性

　　狗雖然不能像人一樣思考問題，但它具有高度發達的神經系統和靈敏的感覺器官，一些聰明的狗甚至會對主人察言觀色，你只要對它微笑一下，它就會表現得很乖。

　　認真觀察你的夥伴吧，你會發現狗是多麼善於表達自己。

1. 狗的壽命有多長？

　　狗的平均壽命在 13 年左右，也就是說，它如果活到 10 歲就應該安度晚年了，它的最高長壽記錄是 34 歲。

　　狗的壽命受到營養狀況、生活環境等條件的影響，室內飼養的狗因為生活條件優越，所以要長壽一些。

　　狗的壽命與品種毛色等有關係，雜種的比純種的壽命長，其中黑色的狗又比其他毛色的狗長壽。

　　狗的壽命與體型大小也有一定關係。一般來說體型越小，壽命越長，因為從生理上講，大型狗的新陳代謝要比小型狗快，心肺負擔相對大些。

2. 狗的嗅覺有多靈敏？

　　狗嗅覺靈敏是人所共知的，其嗅覺主要表現在兩方面，一是對氣味的敏感程度，二是辨別氣味的能力。狗的

嗅覺靈敏度居各畜之首，因為狗的嗅覺神經密佈在鼻黏膜上，所占面積為人的 4 倍，對氣味的敏感度高於人類 40 倍以上。據測量，人的嗅覺細胞一般只有 500 萬個，而狗竟達 2 億 2 千萬個，可以分辨大約 2 萬多種不同的氣味，警犬甚至能辨別 10 萬種以上的不同氣味。正因為它有靈敏的嗅覺，才能鑒定同類的性別、發情狀態、親子識別，清晰地辨別路途、方位及食物、獵物等。

人們利用狗嗅覺靈敏的特點，培養了軍犬、警犬、緝毒犬、獵犬、牧犬等等，甚至參與搜捕和救援工作，做了大量人類無法做到的工作。

狗常常用它的嗅覺來識別主人、辨別同類的性別和食物等，它會根據留在地上或牆角的氣味就可以知道這裏曾經發生過什麼。兩條狗見了面，聞屁股很快就知道對方過得好不好，心情如何。它甚至對人類生氣、恐懼、憎恨和高興時所產生的身體氣味也十分的敏感。

總之，狗的工作和生活完全依賴嗅覺敏銳的鼻子，為了保持嗅覺敏銳，它會不時地將自己的鼻頭舔濕，只有生病時才懶得去舔，所以狗生病時，鼻子看起來就是幹幹的。剛睡醒時也是乾乾的，因為它還沒來得及去舔。

3. 狗之初，性本惡嗎？

狗的天性就是保衛家園——包括自己和主人的領地，如果覺察到它所深愛的主人有危險，必然要義不容辭地採取行動。沒有狗生來就兇惡殘忍，有些被用來警戒和守衛的狗的確兇猛異常，但那是人們訓練的結果，是人教會了它攻擊和傷害。狗缺乏判斷能力，它的忠誠有時會成為操

縱它傷害別人的工具，這對狗來說，也是不幸和悲哀的。

　　有的狗因為受到過人類殘忍的虐待，才會對人產生很強的戒備心，那是因為害怕才變得兇惡。儘管如此，狗是活在現實中的動物，它們中的大多數會很快拋開被虐待的記憶，而情願選擇愛。

4. 狗的叫聲表達了什麼？

　　儘管狗不會說話，但它完全可以透過不同的叫聲表達情感和願望，這包括咕嚕、尖叫、哀鳴、咆哮和低聲吠叫等。

　　狗輕快地汪汪幾聲是告訴大家它今天心情好極了；輕輕的嗚嗚聲可能表示肚子餓了想吃飯；發自鼻腔的尖細鳴聲就表示等得不耐煩了；而低沉的嗚嗚聲是警告陌生人不要靠近，如果狗在發出這種聲音的同時齜牙咧嘴，那麼你就得想辦法逃掉了。

　　當你把電視或音響的音量放得很大時，狗可能會發出痛苦的嚎叫聲，那是因為它對尖利的聲音很敏感，這時只要將音量放小一些就沒事了。另外，狗在高興的時候還會發出一種低沉的嗚咽聲，這可能是在對主人唱歌，你可不要以為它是在咆哮。

　　狗的祖先——狼就是由嚎叫來喚回走失的同伴，當然它們孤獨或

幸福的時候也會嗥叫。所以當狗被獨
自關著時,可能會因為孤獨無聊而吠
叫,你大可不必在意,這是它的原始
本能。

5. 狗有超感覺嗎?

狗在地震和火山爆發之前就可以
預先知道。有的狗能在千里之外,相
隔數年之久仍可找到回家的路。這就
是超感覺的力量!訓練有素的狗甚至
不等主人命令,就能從眼神中理解主人的意思,這也是因
為人與狗之間存在著一種神秘的超感覺力量。

狗還可以透過超感覺,或者說是一種「氣場」發現人
類潛在的健康問題。比如,它可以提前知道一個人的癲癇
病就要發作,因為癲癇病在發作之前有一種特殊的振動
波,狗能在人的「氣場」中敏感地察覺出來。

有趣的是狗還能由「氣場」「看」出一個人的真實本
性,儘管人可以由含糊的語言和華麗的外表掩蓋其本質,
但他很難瞞過狗的眼睛。中國民間有這樣的說法:如果一
個人不討狗的喜歡,那麼這人就不可交。

6. 怎樣讀懂狗的身體語言?

狗作為一個生命活在這個世界上,它和我們一樣,也
有痛苦和歡樂,只不過它不像人類那樣善於掩飾自己的情
緒。它的喜怒哀樂光從臉上是分不出個所以然的,但我們
可以結合其身體各部分的動作觀察出來,掌握好狗的身體

語言對於訓練也有很大意義。

高興時的表現：使勁擺動尾巴，在主人周圍蹦蹦跳跳，這是人們經常見到的情景。這時注意觀察它的臉，可以看見鼻子上滿是皺紋，眼睛微閉，目光柔和，兩耳併攏，嘴巴微微咧開，還發出甜美的鼻音。

憤怒時的表現：狗在憤怒時的臉部表情幾乎和高興時一樣，嘴唇咧開，露出牙齒。不同的是兩眼圓睜、目光銳利，面部表情緊繃，兩耳橫分，鼻子中發出威脅性的低鳴聲，用力跺著四腳，身體和尾巴僵直，毛也根根豎立，使它看起來更富有威嚇力。接下來，如果它的兩前腿伏下去，身體後坐，你就得趕快找退路了，因為它即將向你發起進攻。

恐懼時的表現：尾巴夾在兩後腿間，耳朵貼向後面，全身的毛直立，兩眼圓睜，渾身顫抖，縮著脖子躲在屋角或主人身後。

哀傷時的表現：垂頭喪氣地臥在角落裏，變得極為安靜，或用乞求的目光望著主人。

不安的表現：脖子向前伸，由鼻子發出不穩定的叫聲，尾巴下垂，前爪猛扒地面，或用身體磨蹭主人的大腿，好像在求救。

狗頭部低下並伸向主人，目光回避主人，耳朵耷拉下來，軀體低伏，幾乎趴在地上，則表示對主人的屈從和敬畏。

7. 狗怕什麼？

狗天生膽小，下雨時的電閃雷鳴也會把它嚇得瑟瑟發

抖，夾著尾巴鑽到桌子底下去。這時候無論主人怎樣安慰，它的情緒也沒法穩定，正在哺乳的母狗還可能被嚇得神經錯亂，而吃下自己的幼仔。

狗對火也有恐懼感，但它的表現不是逃跑，而是小心地圍著火吠叫，我們可以利用狗的這個特點報火警。

狗對死亡也有著強烈的恐懼感，主要是同類死後發出的氣味，對活著的狗是一種強烈的刺激。有的狗對皮革製成的鞋也會恐懼，可能是上面留有其他動物氣味的緣故。

狗還會對它不能理解的現象產生恐懼，比如沒有生命氣息的動物標本，發出聲音的電動玩具，被風吹起的樹葉，突然張開的傘等。

8. 狗是怎樣睡覺的？

狗每天的睡眠時間需要 15 個小時左右，但它不像人一覺睡到天大亮，它是有機會就淺睡一會，頭枕在兩前腿上，耳朵貼著地面，稍有動靜就被驚醒。中午曬太陽時它側躺著，全身舒展，有時嘴唇抖動著發出夢囈，這算是睡熟了，但如果有陌生人的聲音，它還是會驚醒的。

狗在睡覺的時候，總喜歡把嘴藏在兩條後腿下面，這是因為它要保護它的寶貝鼻子。如果得不到充足的睡眠，狗的工作能力也會下降，喜歡趴著，總是打哈欠，情緒變壞。

9. 狗是用尿來確定自己的勢力範圍嗎？

狗的領地意識很強烈，這表現在它每到一個地方都要留下尿跡作標誌。它在自己的領地範圍內可以神氣活現，而到了其他狗的地盤，就變得小心謹慎起來，這也是為什

麼狗到了動物醫院門口，就緊張得發抖。

狗有著很強的侵略性，它會經常更新尿跡，用以擴充地界。公狗外出散步時，總是往樹下、牆角留下一點尿。一隻小狗經過體積比它大的狗留下的尿跡時，會儘量抬起它的後腿撒尿，想掩蓋大狗的痕跡；而大狗經過小狗的尿跡時，卻以儘量低的姿勢排尿，目的也在掩蓋小狗的痕跡。

母狗的領地感就不那麼強烈了，只是在她發情時到處留下尿跡，告訴公狗她的心情。一條公狗要是碰到比它更兇猛的狗來占地時，就只能夾起尾巴縮回老窩了。

10. 狗爲什麼把骨頭埋起來？

這是它的老傳統了，它的祖先──狼就喜歡這麼幹，因為狼是靠捕獵為生的，可是能夠捕到獵物的機會不多，有時要一連幾天餓肚子。所以一旦有收穫就狂搓一頓，實在吃不下了，就用前爪刨一個坑，用嘴拱土，將剩下的美味埋好。

生活在當今人類家庭裏的狗，雖然衣食無憂，但挖掘和掩埋食物在它的腦中已經成為一種根深蒂固的記憶。實際上，大多數狗在將自己的美味藏好後，就不再過問，任其爛掉，或被別的狗享用。有的狗還喜歡收藏玩具，也是一個道理。

11. 狗舔人是因爲人的味道很好嗎？

狗舔主人的臉時，大概是一種本能的求食動作。幼狗舔它媽媽的臉，是在找尋一些食物的殘渣，同時狗媽媽也會反芻一些食物給幼狗。所以，當狗熱烈親吻你的時候，

給一根骨頭比親它一下更令它高興。

舔也是狗表達情感的特殊方式,主要是向主人表示順服,或是表達它的溫情,看到主人傷心落淚也想安慰一下。也許它正處於孤獨煩悶之中,想讓主人關注它。這在很多時候還是讓人欣喜的,但如果舔得過多,舔得你滿臉是唾液,就不那麼好受了。

無論何種情況,這都是一種友善的動作,不應嚴厲制止,否則會使狗疏遠主人,以為主人不愛它了。

12. 狗喜歡做哪些事?

狗幾乎做任何事都喜歡用鼻子聞,兩條狗見了面先是碰碰鼻子,然後繞到對方後面聞屁股。這樣聞一下它們就互相知道了對方的性別,上一頓吃了什麼,過得好不好。

狗喜歡把食物吞下去,然後找個隱秘處吐出來細細品味,當然,也許它並不喜歡這樣做,只是擔心食物被搶

走。

狗喜歡搔癢，有時候抓得非常狂躁，甚至把自己的皮膚抓傷。它的腳趾間藏有很多寄生蟲和細菌，主人得經常幫它洗腳、剪趾甲，以防被抓傷時感染。

無論公狗或母狗都喜歡舔自己的外生殖器，這是它愛乾淨的天性，我們不應加以訓斥。

經常關在家裏的狗，在外出時喜歡吃草地上的嫩草，這些草能幫助它消除積在腸道裏的黏液。一些草根無法排泄出來，使得狗經常在地毯上擦它的屁股，這不是它故意的，主人若幫忙解決，它將感激不盡。

狗在地上或汙物裏打滾來掩蓋自身的氣味，這也是沿襲了狼的特性。

幾乎所有的狗都喜歡爬跨，爬跨的目標可能是主人的腿或其他狗的後背，這不一定是想交配，雖然動作不太雅觀，但也儘量不要訓斥，因為狗表達情緒的方式就是與人不同，它可能是由於高興才爬跨主人的腿，這時可給它玩具分散一下注意力。兩隻小公狗在一起玩耍時爬跨也是高興和頑皮的表現。成年公狗爬跨是為了顯示自己的威風，當然如果它爬跨發情中的母狗，就是想交配了。

13. 殘疾狗在想什麼？

對於身體的殘疾，狗的態度與人類是不一樣的，它不會因為失去了什麼而耿耿於懷，它們注重的是當下擁有的東西。

失明對於狗來說也許不像我們想像的那麼可怕，因為它的生活幾乎完全是依靠敏銳的嗅覺和聽覺，視力只是錦

上添花的功能，它會用其他感覺彌補視覺的損失。

　　聾對狗來說殘酷一些，它會因此變得非常脆弱，尤其是在睡覺時。它失去了看家護院的能力，但它不會喪失生活勇氣，它會盡最大努力彌補，有的狗靠其他感覺器官彌補得非常好，以至於聾了很長時間，人們都沒有發現。

　　失去一條腿固然可怕，但也不至於絕望，這時狗需要的不是憐憫，而是愛和鼓勵，它將很快用剩下的三條腿找到平衡。

14. 爲什麼要給狗閹割或去勢？

　　母狗很喜歡做媽媽，公狗若是聞到發情母狗的氣味也會繃不住勁的。

　　但是狗的數量過剩會給人類社會帶來很多麻煩，由於人們亂配狗，一些不太平衡的後代就這樣來到了世界上。爲了讓大多數狗能幸福地生活，那麼，就應該考慮給成熟的公狗閹割和給母狗去勢，手術後，狗會把全部感情傾注到主人身上。

　　正規的手術不會使狗的身體衰弱，如果在母狗初次發情前做去勢手術，還能預防乳腺癌。同時經過去勢的狗性情穩定，不容易形成惡習。

第二章 狗 的品種及選擇

狗的種類繁多，模樣也千奇百怪，每個養狗人都有各自不同的鑒賞標準。有人喜歡高大威猛的藏獒，有人喜歡小巧玲瓏的吉娃娃，筆者最喜歡身形優美的德國狼狗，喜歡它那豎立的耳朵和充滿自信的眼神。

1. 養大狗還是養小狗？

如果你希望和愛犬建立深厚的感情，那麼在它幼年時就抱回家來吧，一般是在狗仔斷奶以後就可以抱養了，幼狗容易在主人的訓導下養成良好的生活習慣。

但是，幼狗生活能力差，需要你投入很多的時間和精力來照顧它，尤其是剛斷奶的小狗容易生病，你還要經常帶它去看醫生。

成年狗體形優美，皮毛光亮，那些經過專門訓練的狗倒會讓你省了很多心。但偶爾它會想念從前的主人，聰明的狗還可能裝病，然後逃跑，你得嚴加看管，同時給它更多的愛，相信它是能夠回心轉意的。

2. 養公狗還是養母狗？

母狗性情溫順，易於調教和訓練，喜歡安靜的話就養隻母狗吧。但當它們發情時會變得喜怒無常，母狗一年差

不多發情兩次，生完小狗後，身體也開始有所改變，脫毛比較多，沒有過去漂亮了。

公狗活潑淘氣，身體強壯，體形和毛色都比母狗漂亮些，而且可以保持很長時間。若不是為了生狗仔，還是選擇養公狗更好。

3. 怎樣判斷狗的年齡？

狗的年齡主要根據牙齒和毛色來判斷。仔狗出生20天左右時剛開始長乳齒；到2個月大時乳齒長齊，又細又尖；10個月的成年狗可以長出42顆恒齒，潔白光亮，門齒尖利無比，夜晚還會發出寒光。

成年狗到了2歲時下頜的門齒尖被磨掉；3～4歲時，可以很明顯地看到牙齒結石和污垢，上下門齒都沒有尖了；6歲左右，齒結石的量已相當多了，門齒全部磨損；到了7、8歲牙齒開始鬆動；10歲以後牙齒不全，老態龍鍾。

此外，狗的年齡也可以從它的毛色看出來，很多品種狗出生時的毛色與成長後相比變化很大。6個月前很難判斷它成年後的毛色；幼狗換毛後一直到5歲，全身皮毛光亮平順；6～7歲時，嘴周圍開始出現白鬍子一樣的鬚，毛色也失去了一些光澤；當它年老時，皮毛會變得乾燥，黑色或棕色的毛也變成了灰色，尤其是口鼻部位、脖子和耳朵周圍的毛色變化

更大。

當然，上述現象也會因為狗的品種和它們健康狀況的不同而有所差異。

4. 怎樣買到一條好狗？

挑選狗的時候，首先是看它的體形外貌，一條健康的狗應該在站立時呈現出優美勻稱的線條，四肢挺立，前胸寬闊，腹部呈收縮狀，身上肌肉豐滿，特別是臀部和背部，並且堅實有力。

頭部最能表現狗的特徵，眼睛應該是明亮無眼屎，結膜呈粉紅色；鼻子為黑色的狗最好，黑肉色或棕色斑點的較差，鼻尖要比嘴突出些，並且濕潤而富有光澤，用手碰觸會感到絲絲涼意；耳內側皮膚以粉紅色的為好，耳道清潔無臭味，側頭甩耳的狗可能耳內有病。再摸其耳根部是否發熱，也可以判斷狗是否有病；口腔內的情況，牙床和

舌頭都應該是粉紅色的，牙齒潔白，上下牙齒咬合緊密。有些品種的狗，比如北京犬、拳師犬下頜的齒列稍突出於上頜的齒列，這是它的品種特徵，而非病態。

同一窩的小狗，應選擇不大不小，體態勻稱的，撫摸其背部，以平直的為好。鯉魚背和凹背是狗有病的表現。皮毛應該是柔軟而有彈性的，注意是否有硬結。

再摸摸狗的骨頭有無變形、彎

曲，在它的面前拋出紙團或玩具使其跑跑跳跳，觀察它的動作是否靈活，這樣四肢骨若有問題也可看出來了。

摸到狗的腳，足墊應該是柔軟而且不乾裂的，前腳是決定狗外形好壞的關鍵，腳趾很像兔子的最理想。從後面看，狗的後腳應是直立且平行的，如果像牛腿一樣呈 X 形，跑起來會有阻力；O 形腿的狗走路不穩，兩腳間距過大也不理想。

買狗還要看它是否喜歡接近人，不要選神經質的狗。見人就搖頭擺尾是性格隨和的狗；對人的撫摸表現出反感、畏縮，或是總想咬人，就可能是個神經質的狗。觀察小型狗時，可以把它放到臺子上，假如它溫順地臥著，就是好狗；如果它有反抗行為，逃走或者小便，就不是好狗，將來要改變其性情是很難的，而且，這種幼狗智力低下，不易訓練。

另外，對一些明顯外向的、好鬥或亂咬同伴的幼狗也不要選購，因為它長大後會給主人帶來很多麻煩。

5. 領養狗應考慮些什麼？

人們常常同情流浪狗，但要知道把這樣一隻狗帶入人類的家庭生活比抱養一隻幼狗難得多，因為你不瞭解它的過去。很多流浪狗在有了家後看上去很幸福，但它永遠不會忘記早期的生活記憶，它的性情可能有些殘酷或者冷漠。

收養站的工作人員可能會說這隻狗很乖，因為他們是馴狗專家，很輕鬆就能把它弄得服服帖帖。如果他們向你保證這條狗絕對安全，你也要清楚它以前犯過什麼錯誤，

以便防止它以後再犯。

領養的狗更喜歡與其他狗打架、欺負小貓以及離家出走。不要讓它單獨和小孩在一起，因為你無法知道會發生什麼事。

許多被領養的狗會非常高興能成為家庭的寵物，享受家的舒適和溫馨；但有些狗野性難馴，它也許永遠也不能融入人類的家庭生活。

當然，說這些並不是要阻止你領養狗，只是提醒你：領養狗要付出很多愛心！

6. 買什麼品種的狗？

每個品種的狗都有其優缺點，養狗人要根據自己的家庭情況和住屋條件來選擇，這也關係到家庭成員與狗，能否相互感到舒適愉快的問題。

如果你家住樓房，住房面積又小時，就應選擇活潑可愛的小型玩賞犬；若想養一條狗看家護院，就要選擇兇猛強壯的中型或大型狗；如果你公務繁忙，就別養那種需要經常梳理和清潔的長毛狗。

純種的狗，有許多檔和血統證明，你可以瞭解到它的外形、餵食情況、注射疫苗的記錄及性情如何，這對你以後的馴養有很大的幫助。但純種狗比較嬌貴難養，因為要保證它的「純」，就得近親繁殖，這就導致了純種狗體質弱的現象；雜交的狗，一般也比較聰明，而且不易得遺傳病，價格上也便宜，即使個性上有些缺陷，你只要多付出時間和耐心加以訓練，它也能成為你忠誠的朋友。

買狗並不是越貴越好，建議那些只是養著玩的人，沒

有必要買名貴的狗，因為再好的狗種不經過細心的培養和照料，也不會成為很優秀的狗。

狗的性情也很重要，想養條狗來看家，就不能挑選憨厚的聖伯納；喜歡安靜的人，就不能養活潑又愛叫的小型狗。所以，要先瞭解各品種狗的特性，才不會因為選錯了物件而後悔呀！

狗的品種

為了便於養狗人選狗，現將常見品種狗的外貌和性格特點描繪如下：

1. **藏獒**：超大型狗，原產於中國西藏。相貌兇猛，頭大額寬，長方形，鼻吻部短，上唇垂下，目光中野性十足。脖頸短粗，周圍有鬃毛。骨骼粗壯，胸部寬闊。

藏獒

全身皮毛長且濃密，尤其是頸部的裝飾毛像雄獅一樣，皮毛顏色以黑色為主，其次是黃色、白色和灰色。有的獒犬眼睛上邊生有黃褐色圓斑，所以又叫「四眼狗」。尾巴有裝飾毛，向一邊捲曲。

該犬耐寒怕熱，性情暴烈，在攻擊時很少退卻，但對主人溫順忠實，是傑出的牧羊犬和守衛犬。

標準身高 60～80 公分，體重 70～90 公斤。

2. **阿富汗獵犬**：又稱阿富汗緹，眉清目秀，脖子長，耳朵大而下垂，耳根低，全身皮毛絲一樣亮麗，有黃褐色、紅色、白色和灰色等多種顏色，頭頂有冠毛，兩側及

阿富汗獵犬

後腿毛長而且密，耳朵和尾巴上有裝飾毛，腳上也是長毛覆蓋。四肢修長，但強壯有力。擅長奔跑，體態優雅，長毛飄飄。

適應能力強，耐寒，性格沉穩，對主人馴服，對陌生人猜疑。

缺點是有些頑固，且學習能力差，容易因害羞或畏懼而咬人。

注意事項：由於該犬被毛豐富，透氣性差，所以在夏季外出散步時，應注意防暑降溫。

標準身高 63～74 公分，體重 25～33 公斤。

3. **聖伯納犬**：原產於瑞士，是大型狗中的最大品種。頭骨寬大而且突出，黑棕色的小眼睛，嘴巴短且寬，上唇長垂，耳朵寬大，並且柔軟地垂下來。

脖頸下的毛皮鬆弛起皺褶，並有些下垂，背部厚實，胸腹寬大，皮毛柔軟有些捲，顏色有紅褐色帶斑紋、橙色或紅色配頭、胸、四肢、尾端的白色。四肢骨骼粗壯有力，尾巴粗長並下垂，尾毛濃密，尾尖捲起。

性情隨和，受小孩玩弄也不生氣，是很好的家庭犬。

身高 75～85 公分，體重 80～90 公斤。

4. **北京犬**：是中國古代宮廷培育出的純國產品種，它外貌莊重漂亮，又善解人意，由於外形像獅子，所以又叫獅子犬。

選購北京犬，皮毛柔軟且厚的長毛狗為上品，特別是脖子上有豐富的飾毛。顏

聖伯納犬

北京犬

色雖無特殊要求，也應選純白或金黃色為好。頭蓋骨寬，眼大突出，越圓越好，兩眼間距大，眼睛周圍有飾毛，像菊花瓣一樣向周圍伸展，所以，有人叫它「菊花面」。口吻部短而且寬闊，鼻端呈黑色，下頜突出並上翹，扁平臉上有漂亮的皺褶。

身材勻稱短小，肩胛高聳，前肢十分發達且彎曲，胸部開闊，背部平直。腳趾上有多而厚的毛，腳尖朝外。尾根高，尾巴向背部捲曲。

此犬耐寒，壽命長。性情傲慢，難與其他狗相處，但對主人及家庭成員熱情忠誠。

身高 27 公分左右，體重不可超過 6 公斤。

5. **巴哥犬**：俗稱「哈巴狗」，也有人稱它「斧頭犬」，屬於小型狗，原產於中國西藏，現在英美兩國廣泛飼養，中國卻不多見。

頭大，呈圓形，臉像帶了黑色面具一般，額頭、嘴和脖子上有許多皺紋。眼睛明亮，大而圓，稍微突出。鼻吻部短，向上微翹。嘴大唇厚，經常會發出「呼嚕呼嚕」的聲音。下頜門齒突出咬合。耳朵薄而小，呈 V 形向前垂下。

身材矮胖，走起路來搖搖晃晃。皮毛短而柔軟，顏色有銀白、黑、黃褐和杏黃。吻部、前額、耳朵、背線

巴哥犬

博美犬

為黑色的為上品，尾巴捲向臀部，雙捲的最好。

該犬雖然相貌不很清秀，但它熱愛主人，又會撒嬌，所以，深得老年婦女的寵愛。

標準身高 35 公分，體重 6～8 公斤。

6. 博美犬：原產於寒冷的北極。健康活潑，有著松鼠一樣的大尾巴，所以又稱松鼠犬。皮毛像狐狸一樣華麗，所以，也有人叫它狐狸狗。頭呈楔形，小得似乎縮在皮毛裏，口吻尖，鼻子和皮毛同色，耳朵小巧直立，有軟毛覆蓋，黑色的小眼睛顯得聰明伶俐。

脖頸短，有豐滿鬃毛，身材短小精悍，腹部寬闊，皮毛長而直，多數是橙色，還有茶色、奶油色、黑色等各種豔麗的顏色，尾毛長而且密，尾巴捲在背上。腳趾小巧緊收，用腳尖站立。

機警伶俐，愛乾淨，對主人溫順服從。但有些神經質，經常無緣無故衝陌生人狂吠，馴養時不能縱容它，以免使其養成不良習慣。華麗的皮毛需要經常修剪和梳理，不適合忙碌的人飼養。

體重：雄 1.8～2 公斤，雌 2～2.5 公斤；標準身高：20～36 公分。

7. 大丹犬：原產於德國。屬於超大型狗，身體高而且長，輪廓分明，頭骨狹小，正中有一條凹線，嘴巴寬，鼻孔大，耳朵又尖又長，向前彎折，修剪過的耳朵直立。

大丹犬

脖子粗壯又有點長，皮毛短而密，顏色有芥末色、黑色、白底上有藏青色紋斑的或大理石花紋，顏色為暗色的較受歡迎。四肢長且有力，腳趾收緊且隆起，尾巴又長又細，跑起來時和背部成一條直線。

這種狗極具攻擊力，但對主人忠誠，有耐性。

標準體重：公狗 60～75 公斤，母狗 45～68 公斤；身高公狗 76 公分以上，母狗 71 公分以下。

8. 秋田犬：屬於大型狗，原產於日本。曾作為打鬥犬，體格魁梧。頭呈楔形，額頭上有淺溝，鼻子稍長呈黑色，白色秋田犬鼻子為肝色，耳朵小，呈倒 V 形。

皮毛背上部分硬直，下腹部柔軟密生，皮膚緊繃，毛色有白色、桔紅色、黑色、褐色以及虎斑色，尾巴粗，向背部捲曲。

秋田犬

聰明機智，善於理解主人的心情，是很好的家庭犬和守衛犬。

標準身高 57～71 公分，體重 35～45 公斤。

9. 牛頭梗：原產於英國。體壯如牛，力大無比，又稱「鬥牛犬」。相貌醜陋，頭部寬大而呈方

牛頭梗

形，臉上多皺紋，下顎突出，口吻短呈黑色，鼻子極短，常因呼吸困難而打呼嚕，耳朵小而薄，像玫瑰花瓣一樣。

皮毛短而且密，平坦貼身，毛色有純白色、棕褐色、純紅色或虎斑色。身體前大後小，脖子短而粗，鬆弛的皮膚形成皺褶，胸廓寬大，肩部肌肉厚實發達，前腿呈弓形，四肢粗壯，尾巴短，呈螺旋狀。

該犬穩重沉默，膽大機智，會為了保護主人的生命財產而奮不顧身；雖然看上去令人生畏，其實性情溫和，對小朋友十分寬容，是忠順的家庭犬。

身高 48～58 公分，體重 18～25 公斤。

10. **德國牧羊犬**：也叫狼狗或「黑背」，原產於德國。外形俊美，頭部呈楔型，在身體所占的比例大，杏核眼充滿自信，鼻端黑又亮，耳朵豎立（6 月齡以下的幼狗耳朵是垂下的）。

短皮毛直而堅硬，像刷子一樣，顏色為灰色的更像狼，胸部寬闊，背部直，後四分之一處向下傾斜。前肢挺直，後腿寬且有力。尾巴像刷子，尾根低，跑起來時稍微向上提起。

聰明機警，剛柔並濟，經過訓練可以勝任追蹤等警犬工作

德國牧羊犬

以及導盲、牧羊等多種工作，且忠於職守，有「萬能工作犬」之稱，同時也是深受人們喜愛的家庭寵物。

昆明犬

理想身高：雄 63 公分，雌 58 公分；體重 30～40 公斤。

11. **昆明犬**：是從昆明警犬中繁育出來的優秀犬種，具有典型狼狗的體形外貌，很像德國牧羊犬。毛色有青灰色、黑色和黑背黃腹色，毛短順滑。頭部大小適中，長臉型，鼻頭黑色，杏核眼呈黃色或暗褐色，兩耳直立靈活，間距小，嘴細長，頸部稍長。四肢細，狼爪，尾巴為劍狀或鉤狀，下垂，體質好，對高溫或寒冷均有很強的忍耐力。

跑起來飛快，反應靈敏，耐力持久，工作能力超過了狼狗。對主人很依戀，除了做警犬的工作外，也可作伴侶犬。

身高：60～70 公分；體重：28～38 公斤。

12. **大麥町犬**：又叫斑點犬，原產於南斯拉夫達爾馬提亞地區。身體健壯。腦袋長，頂部有淺溝，耳根高而且軟，嘴長唇薄。皮毛短又硬，有光澤，出生時全身是白色的，逐漸出現些小斑點，長大後斑點變得又黑又圓，也有呈現豬肝色的，這圓點就是這種狗的特有標誌。尾根高，尾巴像鞭子一樣，前粗後細。

大麥町犬

這種狗聰明，有活力，擅長奔跑，有耐力。生性喜歡與人親

貴賓犬

近，適合作伴侶犬。

理想身高：公狗 55～66 公分，母狗 50～55 公分；體重 15～25 公斤。

13. 貴賓犬：也可叫貴婦犬，外形亮麗，氣質高雅，頭瘦長，耳根低，與眼睛處於同一水平線上，大耳朵寬而且長，向前下垂，杏核眼，面頰清瘦。

脖頸長而且高高地仰起，胸寬背短，肩部高聳，身體呈正方形，腳墊厚實，腳跟低的為上品。皮毛濃密又捲曲，摸上去有粗糙感，毛色有純白、棕色、杏黃色、藍色、黑色或銀色等各種單一色彩，在國內以純白色較受歡迎，可以將犬的頭部、腰部、背部和尾部的毛修剪成戴手套，穿靴子的貴婦人樣子。

貴賓犬聰明活潑，可以學會跳舞，是非常合適的家庭寵物。

標準身高：38 公分以上，45 公分以下；體重 22 公斤。

迷你型貴賓犬，身高 28～38 公分。

玩具貴賓犬，身高最好在 26 公分左右。

14. 蝴蝶犬：又叫巴比倫狗，原產於西班牙。頭小，有明顯的斑紋，鼻子圓，嘴尖，耳朵圓又大，長於小腦袋的兩側，像展開雙翅的蝴蝶一樣。

身材小巧玲瓏，毛長而且像絲一樣平滑地覆蓋身體，有些則略呈波浪狀。毛色有紅白色、黑白色、白色和紅寶

石色等，後腿細且有裝飾毛。足部細長，腳尖十分隆起，有細毛覆蓋著。尾巴長並朝背部彎曲，有著羽毛一樣的裝飾毛。

蝴蝶犬

特點是活潑好動，喜歡與人親近，體格比外表看起來強壯，喜愛運動。嫉妒心強，不願意其他小動物靠近主人。

標準身高 20～28 公分。體重：公狗 4～5 公斤，母狗不超過 4 公斤。

15. **可卡犬**：分為英國可卡犬和美國可卡犬兩種。英國可卡頭圓，面部輪廓清晰，口吻部寬，鼻梁長直，耳朵寬大並垂下，耳根低，杏核眼，神采奕奕。皮毛長，無捲曲，像絲一樣細軟，耳朵、胸腹部及四肢有長長的裝飾毛，毛色有各種單色。

該狗膽大活潑，動作輕巧，對人熱情友善，適合作玩賞犬。

身高：公狗 36～38 公分，母狗 34～36 公分；體重 10～13 公斤。

美國可卡犬，是從英國引進後，被改良為更嬌小的狗，身高 30～40 公分，體重 7～10 公斤。頭部毛短，呈圓形，鼻孔大，嘴寬，上唇下垂，耳根軟，大耳朵垂下來，身上毛長有波紋，在耳朵、胸、下腹和四肢有絲

可卡犬

臘腸犬

一樣的裝飾毛。

這種狗熱情甜美，對主人服從心強，喜歡兒童和女性，可作玩賞及伴侶犬。缺點是喜歡吠叫，容易隨地大小便，對主人的佔有慾強，警惕性差。

16. **臘腸犬**：原產於德國。身體細長，腿短，體長為身高的 2 倍，走路像爬行。肌肉發達，擅長鑽洞。皮毛有順滑型、波浪型和長毛型三種，順滑型的皮毛手感硬但有光澤；波浪型的皮毛很長，像鋼絲一樣；長毛型的皮毛比較柔軟，有黑色、黃褐色和紅色等。腦袋長，嘴唇寬，耳朵寬大且長垂。尾短向上彎曲，前腳隆起，後腳稍微小點。

特點是精力旺盛，愛玩又愛叫，別看它狗小，叫聲可大著呢，對主人又忠誠，適合做看家狗。缺點是頑固，單獨關在家裏時，可能會破壞東西。另外，這種狗容易患骨刺和肥胖病，所以要讓它多運動，但由於它的體形特殊，有些運動是不能做的，比如跳躍打滾，上下樓梯，容易發生脊柱錯位等問題。

另外，在營養上也要多費心，吃得過多會導致肥胖。

標準身高：12～23 公分，標準體重 7～12 公斤。迷你型狗的體重 3～5 公斤，玩賞型狗的體重在 3 公斤以下。

17. **靈緹犬**：屬於大型狗。感情豐富，對小孩友善，是最優秀的家庭寵物。

頭長，兩耳之間寬闊，耳朵向後折，小而薄，呈橢圓

形的眼睛裏閃出智慧
的光芒。

靈緹犬

背部結實，胸部
寬大，腹部彎曲像弓
一樣，強而有力。皮
毛細密貼身，毛色有
黑、白、紅、芥末
色、淡黃褐色、藍以及白色和任何顏色的混合色。四肢長
而有力，大腿部肌肉發達，奔跑速度極快。腳趾尖長而收
緊，關節隆起，像兔子腳。尾細長，尾端稍微彎曲。

身高：公狗 71～78 公分，母狗 69～71 公分；體重
27～32 公斤。

18. 拳獅犬：原產於德國，中型狗。由於它在打鬥時
常舉起前腳，像個拳擊手，所以得名。臉為黑色，口吻部
呈方形，耳根高，耳尖下垂，經過手術可使其豎立起來，
牙齒為下頜門齒突出咬合。皮毛短粗光滑，緊貼皮膚，毛
色有淺黃色、黃褐色及虎斑色，胸和腳尖為白色的最好。

拳獅犬

此犬既勇敢善鬥，
又不乏小心謹慎，對陌
生人兇，但對家人小孩
好，經過訓練可以勝任
看家、導盲等工作。對
主人溫順，喜歡遊戲，
又可作伴侶犬。

標準身高雄 57～63
公分，雌 53～58 公

松獅犬

分；體重雄 30～32 公斤，雌 24～25 公斤。

19. **松獅犬**：有著獅子一般自豪威武的外貌，有的外表長得又有點像小狗熊，故也稱為「熊獅犬」。頭頂平平，杏核小眼。三角耳朵直立著，開口向前。舌頭平而短，呈藍黑色。

身體肌肉發達，胸部厚實，腰部短而有力。皮毛濃密且直立，毛色為黑、藍、奶油、白、紅、淡黃褐、銀灰色等，大腿後側及尾巴下部的毛較淡。尾巴粗向背部捲曲，腳小且圓。

性格孤僻內向，沉默寡言，不會由於亂叫而招來鄰里的眾怒。對主人忠誠、親近。儘管相貌兇猛，但並不隨意毆鬥。

標準身高：雄 48～56 公分，雌 46～51 公分。

20. **沙皮狗**：是中型狗裏面的中型，世界上最珍貴的犬種之一。它吃得少，又不需要每天運動，最適合在高樓大廈裏面飼養。性情溫和，喜歡與人親近，因為有一身不容易被咬破的皺皮，所以與其他狗打鬥時常常得勝。

頭大而平，

沙皮狗

額頭和嘴巴都很寬，臉頰上有像老人一樣的皺紋。小三角眼隱藏在皮膚的皺褶裏，耳朵也很小，像是貼在頭上。沙皮狗的舌頭最好是紫色的，或是有斑點的。密實的皮毛短且硬，分成七種顏色，黑、土、白、紅、灰、乳酪色及巧克力色。有些沙皮狗生出來的時候是黑的，但慢慢地卻變灰了，那是太陽曬的。土色是最普遍的顏色，生出來的時候是有一點點紅的，長大後就變得很「土」了。白色沙皮狗的耳朵是土色的，鼻子是紅磚色的，舌頭卻是紫色的。四肢肌肉發達，前肢直，而後肢與身體的角度大。

　　沙皮犬由於天生的皺皮膚不好清潔，所以容易得皮膚病，夏天怕熱，還要給它開冷空調；皺紋太多的眼皮容易使睫毛倒生，必須及時處理，否則會患眼病而失明。他們天生怕水，不要帶他去游泳。養沙皮狗不可同時養貓。

　　標準身高公狗 46～51 公分，母狗 41～46 公分；體重公狗 20～25 公斤，母狗 16～20 公斤。

　　21. 西施犬：原產於中國，是由北京犬與拉薩犬交配而成，又稱獅子狗。眼睛大而圓，呈暗色，鼻吻部呈正方形，頭頂的毛長得垂下來，使眼睛鼻子幾乎看不見，所以要給它紮個小辮子，以防引起眼病。臉上的長毛彎曲著，像一朵盛開著的菊花，耳朵長，與皮毛一起像瀑布一樣垂下來。皮毛有各種顏色，前額及尾尖

西施犬

喜樂蒂牧羊犬

有白毛的為上品，這種狗的皮毛必須每天梳理。

肩膀結實，四肢短小，肌肉發達，腳呈圓形，尾巴捲曲在背上。

性格傲慢，但有禮貌，喜歡小孩，是典型的伴侶犬和觀賞犬。

體重：6～8公斤，身高不超過27公分。

22. **喜樂蒂牧羊犬**：又叫蘇格蘭牧羊犬，頭高昂著，呈楔形，橢圓形的眼睛不大不小，耳根高，半直立的耳朵有飾毛，鼻梁長而細。

四肢纖細，但肌肉發達，骨骼堅實，皮毛粗長又直，脖頸和胸部飾毛豐富，毛色有淡黃色、黑白色和棕色，皮毛需要經常梳刷。

活潑多情，忠於主人，但控制欲強，有的愛叫。最好從小養成隨和的性格，以防長大後咬人。學習能力好，經過訓練會是好的看家狗。

身高：32～40公分，體重：6～7公斤。

23. **杜賓犬**：貌美結實，眼神充滿智慧，皮毛短又密，有光澤，顏色有黑色和深棕色。

公狗健壯，易衝動，需要有點力

杜賓犬

氣的男主人才能馴養，但訓練時不可缺乏耐心或經常嚇唬它，否則日後對人會有攻擊行為。母狗就安靜多了，對主人有感情，卻也不乏警惕性。

中國冠毛犬

24. **中國冠毛犬**：也叫裸體狗，原產於中國南方，屬於小型狗。眼睛大，呈杏核形，眼神柔和，嘴巴長，鼻子像是鑲嵌的，耳朵直立。細看皮膚上有短毛，粉紅色或白色，頭部有長飾毛。

它雖然沒有一身惹人喜愛的皮毛，但性格文靜，愛乾淨，動作優雅。還能用爪將小巧的東西抓起來交給主人，是很不錯的玩賞犬。

標準身高 23～32 公分，體重 3～5 公斤。

25. **馬爾濟斯犬**：也叫馬爾他犬，原產於馬爾他島。頭略圓，眼睛有些突出，鼻梁短，鼻尖略微翹起，呈黑色，嘴唇有鬍鬚，雙耳下垂，有長長的裝飾毛。身體長而寬，四肢短有飾毛，腳趾圓，尾巴也有密密長長的裝飾毛。被毛長過腳，長垂地面，毛質如絹絲，嫵媚動人，全身雪白，無雜色的為上品，但在耳朵部位有淡黃色斑塊或軀體有稀疏的檸檬色長毛也不足為怪。

聰明優雅，喜歡和人親近，深得老人和兒童的喜歡，壽命長達18 年，在世界各地廣泛飼養。

馬爾濟斯犬

標準身高公狗 21～25 公分，母狗 20～23 公分；體重 3～4 公斤。

拉布拉多獵犬

26. 拉布拉多獵犬：又叫拉布拉多尋血犬，原產於英國。頭寬大，五官端正，大小適中，皮毛有黃色、黑色和巧克力色，短而柔軟，光滑得不需要經常為它梳理。肌肉發達，腳墊厚，尾長且向上揚起，但不超過背線。

該犬智商高，又溫順，易於調教，可以作為很好的導盲犬以及工作犬。

身高：55～65 公分，體重 25～35 公斤。

27. 阿拉斯加雪橇犬：原產於美國的阿拉斯加州。顧名思義它是活動於冰天雪地中，用於拉雪橇的狗。頭較小，鼻梁短而平直，耳根硬，耳廓小，直立呈三角形。身體結實，脖頸粗壯，背平直，四肢短粗，體毛稠密厚實，防水性能好，顏色有藍、黑和灰色，臉、四肢和下腹部呈白色。

此犬耐寒，有吃苦精神，喜歡集體行動，對人類的南極探險有過重大貢獻。

體重 45～55公斤，身高 58～63 公分。

阿拉斯加雪橇犬

金毛靈回犬

28. **金毛尋回犬**：又叫金毛獵犬，原產於英國。頭圓，吻部短，兩耳下垂，體型粗壯，全身皮毛金黃色，胸前、腋下和尾根部的毛尤其豐富，但頭部毛短。

該犬勇敢智慧，擅長游泳，能做水上工作，又可作為做守獵犬、導盲犬等。

身高 50～60 公分，體重 27～36 公斤。

29. **惠比特犬**：又叫揮鞭犬或威伯犬，原產於英國。頭部瘦削，耳朵小巧，又薄又軟，脖頸微拱呈流線型。身體長且有些拱形，皮膚緊繃，肌肉厚實，毛短且密實，有紅色、淡褐色、藍色、琥珀色、黑色和混合色。

該犬聰明伶俐，精力充沛，壽命長；對主人感情深厚，易於調教。

注意餵食不要過多，以免身體肥胖。

標準身高：公狗 47～55 公分，母狗 45～52 公分；體重：公狗 8～12 公斤，母狗 5～9 公斤。

惠比特犬

30. **約克夏**：又叫約克郡緹，原產於英國。身材矮小，僅次於吉娃娃。絲綢般的長毛垂到地面，有著貴夫人的氣質。頭小扁平，小耳朵呈倒 V 形，它的毛隨著年齡的增長而變化，幼狗的毛為黑色，逐漸變成藍色，成年

約克夏

後呈鐵青色，四肢為深褐色，頭部呈金黃色。

性格調皮，勇敢，對主人忠實，可作為伴侶犬。有絲樣光澤的長毛，需要時時維護梳理。缺點是有些多疑，對其他動物不友好，甚至會敵視兒童。怕冷，不需要經常進行戶外活動。母狗分娩時易難產。

標準身高 20～23 公分，體重 3、5 公斤以下。

31. 狆：又稱日本獅子犬，原產於中國的西藏，貴族氣派。皮毛長而柔軟蓬鬆，顏色為白底黑斑，斑點以在耳朵、身軀和尾根處且左右對稱最好，耳朵、頸部和尾巴有裝飾毛。頭大，吻部短，眼睛大而圓，炯炯有神。四肢骨骼細小，腳小而長，尾巴捲向背部或彎到身體側面。

性格穩重溫順，一直在日本保持著純正的血統，是惹人喜愛的玩賞犬。

身高：20～26 公分，體重：2～4 公斤。

32. 捲毛比雄犬：原產於法國。頭大身體小，頭部有豐富的絨毛，眼睛大，眼眶下有一道凹進去的弧，吻部比較寬闊突出，耳朵薄而下垂，被頭部的長毛遮蓋。腰粗壯，後腿傾斜，四足像貓足一樣拱起。

它因豐富又蓬起的捲毛而深

日本獅子犬

捲毛比雄犬

受人們的喜愛，毛色有白色或杏仁色，在耳朵處可能有些灰色毛。

此犬氣質高貴，活潑可愛，動作誇張是此犬種的特徵。

身高：23～30 公分，體重 5～6 公斤。

33. **萬能梗**：原產於英國。頭大小適中，長方形，鼻頭鈍，嘴寬闊，上有鬍鬚一樣的飾毛，耳朵大小適中，半直立。尾巴較短並向上直立。

有綿羊一樣質感的皮毛，稠密並且緊貼皮膚，顏色為深褐色，加上背部黑色。

梗類犬的共同特性是活潑好動，擅長鑽洞，是捕鼠高手。但溫順馴服，適合作玩賞犬。

萬能梗

34. **波士頓梗**：原產於美國。頭部寬大平坦，額頭有白色的斑紋，直到口吻部，兩耳間距寬，耳根稍高，脖頸肌肉結實，胸廓深，身體偏短，兩前腿直立，貓型腳，尾巴低位。

毛短平滑，顏色有白色、金黃色、虎斑色和海豹色帶白斑，白斑出現在前額、口吻部、脖子、前胸和四肢。

此犬活潑機靈，忠於主人，是很好的伴侶犬；不宜放養，由於上呼吸道過短，所以，運動時不應太激烈，以免氣喘；容易患眼病，要定期為它清洗眼睛。

波士頓梗

身高：38～43 公分，體重7～10 公斤。

35. 吉娃娃：又稱齊花花，是小型犬種裏最小的狗，頭圓而雅致，臉光滑且有輪廓，鼻子狹小，耳朵寬大，眼睛大又圓。身體背部平坦，胸闊渾圓，四肢纖細且直。毛色較淡，腳小而且纖細，腳趾清楚分開，尾長適中，尾根高舉。

可分為長毛和短毛兩個品種：短毛的吉娃娃皮毛短而富有光澤，貼身柔順；長毛的吉娃娃除了背毛豐厚外，像短毛種一樣容易發抖，可別認為是感冒哦！

別看它嬌小玲瓏，卻不膽小，還具有大型狗的狩獵與防範意識呢。但因為體型太小，骨骼脆弱，容易被意外傷害，應避免劇烈運動或從高處落下。

性格外向又非常聰明，可以學會很多把戲。缺點是如果幼年時期缺乏與人或其他動物的接觸，往往會變得很兇或神經質。

體型越小越好，身高15～21 公分，體重不超過2.7 公斤。

吉娃娃

第三章　狗 的吃和住

　　狗把它的主人看成主宰，有著極強的依賴性，那麼我們就有責任滿足它的需要，為它準備食物和修建住所。

　　儘管生活在人類家庭裏的狗衣食無憂，但如果它的飲食品種單一或營養不全面，就很難擁有健康的體魄。我們在努力提高生活品質的同時，應掌握科學地餵養自己寵物的方法，使它成為非常出色的狗狗。

1. 拿什麼餵狗？

　　狗在野生時期是以捕獵小動物為生的，但與人類生活在一起之後，它的食譜就變得豐富多了，但還是應以肉類為主。

　　對狗來說，食物中必須要有的六大營養素：蛋白質、脂肪、碳水化合物、維生素、礦物質和水。其中蛋白質是它的生命活動所需要的主要營養物質，它的身體如果缺乏蛋白質，就會生長緩慢，體弱多病。

　　肉類是提供蛋白質最理想的食物，如果用豬、牛、羊肉餵狗經濟負擔太大，可以選用動物的內臟或屠宰場的下腳料，比如肝、肺、碎肉等，完全可以滿足狗的胃口，還有魚肉也並不只是貓的專利食品。

　　儘量不用生肉餵狗，以防寄生蟲病和傳染病，但是偶

爾用草食動物的內臟餵狗，可以使它食慾大增，可以不清洗就給它吃生的，這樣消化器官中的草、穀類等就被一起吸收了。

　　脂肪是能量的主要來源，成年狗每日的食物中脂肪含量應在 10%～20%，冬天更要多一些，可以幫助它禦寒。豬肉、羊肉、肝臟中含有大量脂肪，完全能滿足狗的身體對脂肪的需要。但魚類中所含有的脂肪會妨礙新陳代謝，容易引起幼狗的皮膚病。

　　碳水化合物屬於糖類，也是熱量的來源，狗如果缺乏就會發育緩慢；但如果碳水化合物過多，又會在體內變成脂肪儲存起來，它就有可能成為「肥胖狗」。糧食中含有大量碳水化合物，價格較低，種類又多，有大米、馬鈴薯、紅薯、玉米、麥子等；農作物加工後的副產品，如豆餅、花生餅、麥麩、米糠等等，這些都是狗的主食。

　　維生素也是狗生命中不可缺少的營養物質，它可以調節身體機能。維生素 A 在牛奶、雞蛋、動物肝臟和胡蘿蔔

中含量較多，狗如果缺乏會造成「乾眼病」，皮膚粗糙，幼狗會出現四肢變形和發育不良等後果；維生素 C 在番茄等蔬菜中含量高，狗能夠在體內合成維生素 C，因此它沒有必要像人一樣吃蔬菜。你常常看到狗不愛吃蔬菜，那是因為它不喜歡某種蔬菜的味道，不然就是這只狗挑食。狗缺乏維 C 時會出現皮膚出

血，傷口癒合緩慢等壞血病的症狀；維生素 D 的主要功能是促進鈣磷吸收，在牛奶和蛋黃中含量較高，幼狗如果缺乏維生素 D 會得佝僂病或四肢抽搐。

礦物質包括鈣、磷、鉀、鋅、銅等，來自狗的食物和水，含量雖微少，卻對肌體的生命活動起了重要作用。

無論你餵狗什麼樣的食物，都要讓它每天自由飲用清水，生命活動離不開水。狗體內沒有貯存水的功能，缺水會使得它很快死亡。水還有調節體溫的作用，所以夏天應增加飲水量。

飯前喝水會影響狗的食慾；飯後飲水則可以清洗牙齒中殘留的食物，而且有利於營養的消化吸收。

有人用貓糧餵狗，這有些浪費，因為貓糧中含有很高的蛋白質和脂肪，而狗糧中含有大量的碳水化合物，是用最便宜的馬鈴薯、燕麥、玉米等配製的，還是用狗糧餵狗實惠。

2. 怎樣調製狗食？

從營養上講，餵狗的食物不宜煮得很爛，米也不用經過多次淘洗，以免流失大量的維生素。但製作穀物類食物時，不能把它燒糊或夾生，否則就會影響食物的口感，而且夾生的米飯容易變質發酵，狗吃了也會消化不良。

生肉或動物的內臟要用冷水洗淨，浸泡時間不宜太長，這樣可儘量少地損失蛋白質。然後將其切碎、煮熟，連肉帶湯，與米飯、饅頭或窩頭等拌好，再稍微加點鹽和蔬菜。狗對粗纖維的消化能力差，所以，給它吃的蔬菜要切得極細小，並且快速煮熟，然後摻在飯裏餵食。

食物溫度在 38 攝氏度左右最好，冬季天冷，食物應該熱一下，餵冰冷的食物會消耗狗的熱量和造成胃腸疾病，還會引起母狗流產；但是燙嘴的食物它也會拒絕，所以夏季的食物應該充分晾涼再餵。

如果用人吃剩下的飯菜調製狗食，就要將多餘的鹽分沖洗掉，否則過多的鹽分會使狗的食慾減退，而且它也不喜歡辣的和調味料過多的菜。

3. 怎樣給狗選購食具？

食具是狗的重要生活用品，你不能隨便找個碗盆應付了事。

狗的食具應是重一些的好，不會被它弄翻。製造食具的材料應該是耐用又沒有毒性的，以不銹鋼的最好，它既不生銹，又無毒害。

食具的形狀和大小，應根據狗的品種和特徵來選擇。

比如，你養了大型的立耳犬——德國狼狗，就要選用口徑寬大、深淺適度的食具；而嘴巴短的哈巴犬或北京獅子犬，就可選用底部淺的食具，這種食具還容易刷洗；如果你養的是長耳朵狗，其耳朵很容易下垂到食盆裏去，就應選用口徑較小而稍高的食具。

此外，為了便於大型狗吃食，可將其食具用架子墊高一些。

4. 怎樣引起狗的食慾？

給狗餵食要做到定時、定量，這樣它每天到吃飯時間就胃口大開；定量就是每天的餵食量不要變化太大，食盆大一點，食物放少一些，吃一點添一點，讓狗舔碗舔得意猶未盡。

狗的味覺遲鈍，它是靠嗅覺來「品嘗」食物味道的。當它聞到食物不新鮮或有異味時，就會拒絕進食；或是當食物中含有化學調味品、辣椒味等有刺激性氣味時，它都會很敏感；特別甜或特別鹹的食物，也會影響它的食慾。因此，在準備狗的食物時，要特別注意食物氣味的調理。

對於食慾不振的狗，不能因為它不愛吃就將它的食量減少，而是應該增加它的餵食次數，保證每日所需的營養。狗食慾不振或生病時，餵些生牛肉，會有出奇的效果。

如果無論如何狗都不理會它的食物，那麼就餓它一天，不要怕餓壞它，但飲水要充足，這種方法只適用於成年大狗。

5. 怎樣給狗仔人工哺乳？

大型狗往往會一胎生出比自己乳房數還多的幼仔，那麼弱小者由於搶不到乳頭吸奶，就會被慢慢餓死。仔細觀察可以看出母乳不足的幼仔，腹部是凹進去的，這就需要給它人工哺乳了。

當你看到幼仔在吃奶時，不斷地「哭著」換乳房，那一定是母乳不足，需要人工哺乳。

另外，在母乳變質的情況下也應採用人工哺乳。正常的母乳呈弱酸性——可到獸醫處用試紙一試，如果發現狗奶的顏色和氣味發生了變化，檢查呈弱鹼性時，就可能引起幼仔的痢疾或關節炎。

用牛奶進行人工哺乳時，由於蛋白質含量嚴重不足，幼仔還是會被餓死。必須在經過煮沸的新鮮牛奶中，加入

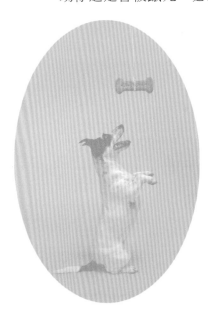

狗用奶粉和蜂蜜。當然，乳汁不是越濃越好，觀察幼仔的糞便狀態可調整，糞便太硬，可以把牛奶調得稀一點；反之，則調得濃一點。正常的糞便像細長的麵團，用手可以拿起來。

調出來的牛奶溫度應稍微高於體溫，以 40 攝氏度最好。可用嬰兒奶瓶餵，先用牙籤在奶嘴上戳一個小洞，如果洞大了會嗆了小狗而造成肺炎，甚至噎死。

每次人工哺乳時，不要忘記用

酒精棉球擦拭幼仔肛門周圍，刺激它及時排便。

在完全沒有母乳餵養的情況下，應每隔 2 小時餵一次，夜間每隔 3～6 小時餵一次；如果是補充母乳不足，白天餵它就行了。哺乳的量要看具體情況而定，如果幼仔喝完奶後，肚子像青蛙那樣一鼓一鼓的就是吃飽了。像人類的嬰兒一樣，狗仔也是吃飽了就睡，睜開眼睛就餓。

一般在狗仔出生 9 天後體重增加了一倍，就是餵養得比較理想。

6. 怎樣給幼狗配製食物？

幼狗斷奶後一直到成年的這段時間，是它一生中食慾最旺盛的時期，肉類食物的量應該比成年狗更充足，這是養出一條好狗的關鍵。

狗糧含有它所需的各種營養，包括蛋白質、碳水化合物、脂肪、維生素、礦物質等基本成分，是營養均衡的狗食品，如果和肉類一起混合餵養既方便了主人，又保證了充分的蛋白質。但對於大型狗的幼仔僅僅餵它超市買的狗糧是不夠的，還應增加些饅頭、米飯等主食和肉類。這時精肉的量一定要多些，因為米飯的營養價值很低，不能滿足幼仔的成長發育需要。

新鮮魚中所含的高蛋白也可以滿足幼狗的營養需要，把魚用清水稍微煮一下，湯倒掉，仔細把大小魚刺都挑出來，因為狗是不會像貓一樣挑魚刺的。

雞頭是幼狗最好的食物，把生雞頭煮爛，拔去雞嘴；也可以用生雞頭餵食大型狗的幼仔，因為生肉有助於消化吸收，還可以使體弱多病的狗迅速恢復體力。

　　為了省錢，也可將豬或牛的肺等臟器煮熟切碎，與青菜一起拌在玉米麵、稀飯等主食裏餵它；但如果餵食太多的肝臟，糞便太軟會引起幼狗自己舔食。用雜肉餵養時，必須煮一下並漂去白沫，這樣可以減少脂肪。為了防止消化系統的疾病，必須選用新鮮肉製作幼狗的食物。

　　狗食的配方其實都不是絕對的，只要它吃了以後不拉肚子，糞便成條狀，就說明狗食沒有問題。

　　幼狗長到 5 個月大時，它的食物構成要根據其生長發育情況作適當調整，當它過於肥胖時，應減少碳水化合物和脂肪類食物，相應增加蛋白質和蔬菜含量，並增加運動量；如果幼狗太瘦，則增加碳水化合物、脂肪及蛋白質食物，如麵粉、米飯、肉等。

　　每天給幼狗喝些葡萄糖水，可以補充它的體力，份量應為一湯匙至兩湯匙葡萄糖粉，混和一些蒸餾水，過量會損害牙齒。遇上幼狗嘔吐或腹瀉嚴重時，也可以餵一些葡萄糖水使其迅速恢復體力。

7. 哪些食物不能餵狗？

　　有些人喜歡與愛犬一起分享美味，事實上很多人平常吃的食物是不適合給狗吃的。

　　例如：狗吃了巧克力可能會由於無法排泄而中毒，它會極度興奮、上躥下跳，最後因心臟衰竭而死亡。

　　霜淇淋、蛋糕之類的甜食沒有必要給狗吃，會導致它的肥胖或腹瀉。

洋蔥和蔥也會引起狗中毒、血尿等情況，即使把洋蔥炒熟了，裏面的有害物質也不會被分解。

年糕、紫菜可能黏住狗的喉嚨，引起窒息。

章魚和貝類的肉是狗難以消化的食物，而沙丁魚和帶魚等脂肪太多的魚類，它如果吃得太多，會引起濕疹和脫毛。

花生米不能被狗消化和吸收，小狗即使吃了一粒花生米，也等於吃進去一塊小石頭，而成為腸胃中的異物，最後引起血便。

狗的腸胃雖然對骨頭有驚人的消化能力，但尖銳的雞骨頭和魚骨頭卻容易卡在它的牙縫裏，或扎傷腸胃。

8. 肥胖狗怎樣減肥？

如今，狗的生活水準提高了，它們吃的是美味珍饈，有的狗還在食物中專挑肉吃，或者只吃麵食不吃米，於是，城市中就出現了很多肥胖狗。雖然脂肪能貯存能量，保持體溫，但是過多就會導致心臟病，也會給肝臟增加很大負擔，導致它的壽命減少。

肥胖狗是指體重超過了此犬種標準體重的 10% 以上。檢查你的狗是否肥胖可以用手從頭摸到腳，如果在身體兩側、脖子周圍以及尾根部摸到脂肪，就需要減肥了。

狗過於肥胖大多是因為澱粉類或脂肪食物吃得太多，當然，也有因為缺乏運動造成的。減肥的最好辦法就是改變食物種類，主食儘量用糙米——沒有經過精細加工的米，或粗糧如玉米麵。一天兩次餵食，早晚各一次，食量要減少，其他時間就不要亂吃東西了。

　　另外，便秘也會引起肥胖，在狗食中增加些富含纖維的蔬菜，可以通便，還有利於減少脂肪。

　　應該注意的是，除了糖尿病和病態的肥胖外，狗食物中的熱量不可大幅度減少，否則它就會貧血或出現營養障礙。

9. 冬季餵狗應注意什麼？

　　冬季天氣寒冷，狗體內的熱能大量消耗，所以要在給它的食物中提高熱量，脂肪含量高的食物能迅速補充熱量。但要注意食物中脂肪所占的比例，一般中型狗保持體力所需熱量為8～10千焦左右，而小型狗或幼狗所需要的熱量更高一些。

　　狗天生不喜歡吃熱的食物，但如果在大冷天餵給它又冷又硬的飯，也不是很舒服的。給它稍微加熱一下，可以避免引起胃腸機能障礙。

　　為了省時又省力，冬季應選擇比較耐飽的食物餵狗，那就是蛋白質含量高的食物，比如動物肉和內臟。

10. 夏季餵狗應注意什麼？

　　夏季天氣炎熱，食物容易腐敗變質，因此夏季給狗準備的食物應注意保持新鮮、衛生，最好現做現餵。如果你沒有時間，將其食物冷藏起來也可以，但給它吃的時候，一定要加熱一下。每頓吃剩的食物要及時倒掉並清洗碗盆，防止蒼蠅的污染。

　　餵食時間應選擇早晨或傍晚天氣涼爽時，這時它還比較有食慾。另外，水能增強身體的新陳代謝，夏季多飲水

能使狗保持食慾旺盛。

夏季還要注意食物的品質，為了使狗保持良好的體力，應該給它增加高蛋白質的食物，比如新鮮的魚或肉類。如果像在冬天一樣，餵給狗脂肪含量高的食物，就滿足不了它由於代謝加快，而過度消耗的體力；它還會由於食用了過多的脂肪，而導致全身發癢或其他皮膚病。

11. 怎樣讓老年狗安度晚年？

大型狗到七、八歲就成老年狗了，皮毛變成灰色或白色，皮膚變得乾燥。大多數老年狗由於運動減少而變得又胖又笨，因此要注意控制食量，多餵它些含維生素的食物，不要給它吃動物的內臟了，那些東西含脂肪太多；也有的老狗，由於腎臟機能衰退，反而消瘦。應該多餵它些乳類食品，這些食物中含有良好的蛋白質，又容易消化和吸收，是老年狗最理想的食品。

老年狗的活動應適當減少，睡眠倒是應該增加。對多年已形成的吃食、睡覺和活動習慣，還要繼續執行，不要破壞它正常的生活。

隨著年齡的增長，狗的消化系統也會衰弱，這就需要少食多餐，並且要保證食物溫度不能過冷或過熱。

老年狗也許會患頸椎病，在吃食時低頭困難，這就需要給它提供一個方便，將食器放高一些。

老年狗視力和聽力都衰退了，反應也遲鈍，作為主人，最好以撫摸或手勢來指揮它，不要對它大喊大叫，也不要強迫它玩樂，讓它安度晚年。

12. 怎樣飼餵生病的狗？

愛犬如果生病了，最需要的是補充蛋白質、維生素和無機鹽，可以餵它些雞蛋黃、精肉等。但它生病了，胃口就不好，主人為它準備的食物不但要容易消化、有營養，還應該十分可口。

如果它的體溫過高，唾液減少，口乾舌燥，咀嚼和下嚥食物困難，這時就要給它吃流質或糊狀食物，同時要提供充足的飲水。

患有胃腸道疾病的狗，尤其是當它嘔吐和拉肚子時，會流失大量的水分，應及時補充水分。食物中還要補充維生素 B，停止餵給不易消化的食物以及脂肪類食物。對於嘔吐嚴重的狗，24 小時內只餵它蒸餾水，也可在水中加些葡萄糖；這時若是給它牛奶喝，可就是雪上加霜了。

對於營養差或體質瘦弱的狗，雞肝是它的首選食品。

狗如果患了結石病，多數是因為食物品種單一。它是雜食動物，吃的是越雜越健康。

13. 怎樣安排狗的住所？

大多數狗都有在固定地點睡覺的習慣，所以，它需要一個乾淨又舒適的窩。

市場上出售的小狗窩有藤條和海綿的兩種，都是四面有一圈稍高的邊，有個小缺口方便出入，它睡在裏邊像是

被環抱在中間，感覺溫馨而安全。再給它買一個填充雪松鋸末的枕頭，既給主人的房間帶來雪松的芳香，又能夠防止跳蚤等寄生蟲的滋生。

狗的住所應該擺放在不經常有人走動的地方，這樣它才能安靜休息。

自製小狗窩可用小木箱、籃子、紙板箱等，內外面及邊緣要光滑，不能有釘子等尖利的東西，以免把它劃傷，大小以它的四肢能伸展自如為好。在底層墊上毯子、床單等，主人要經常幫它換洗晾曬，記得每次換床單時，留下一點它的氣味，使它不至於找不到窩。注意不要用羽毛類的東西做鋪墊，因為狗會把它們撕咬得亂七八糟，而且假如它吞下了羽毛，還會造成消化不良甚至腸梗阻。

如果在室外養大型狗，就得給它修建一個小房子了。建築室外狗舍的基本原則是要選擇地勢稍微高一些，冬暖夏涼，通風乾爽的地方。不妨把它的房子安排在大門口附近、院子內的牆角等地方，可以方便它擔任警戒工作。經常有人走動或有噪音的地方是不適合它休息的，狗也會因為環境不安而神經錯亂。

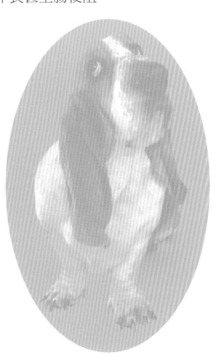

有開窗的狗房子，通風和光照會好一些。房子的長度只要稍大於狗體長的二倍即可，天花板要有一定的高度，如果能在天花

板掛個電燈就更好了，夏天還可以掛電蚊香。進出口要有足夠的高度和寬度，讓它自由出入。冬天做個門簾，白天暖和的時候，也可以捲起來。進出口處的屋頂要稍微長出來一點，這樣下雨或下雪就不容易飄進屋裏了。

狗房子建好後，應該在裏面做一張木板床供它睡覺，這樣它就不會因為睡在水泥地而感冒。床的大小應以它橫躺豎臥都可以伸展四肢為好，床上還應有些墊草，為了保持柔軟乾燥，要經常翻曬和更換。為了防止狗身上長跳蚤，可在它的床上放些新鮮松葉，或曬乾的蕨類植物。

好動是狗的天性，因此，有條件的可在狗房子周圍設置一個運動場，運動場要有一定的坡度，以利於排水和清理，避免坑坑窪窪，防止它在運動中受傷。

第四章 狗的清潔與打扮

每一個人都希望自己的長毛狗飄逸靚麗，那麼，你就要經常為它清潔、梳理和打扮，正確的方法會使你的狗看起來和摸上去同樣舒服，這些日常工作也使你和它的夥伴關係更加密切。

1. 怎樣給狗梳理？

經常給狗梳理皮毛不僅能把它的脫毛刷下來，還能刺激皮膚的血液流通，增加皮脂腺分泌，使其皮毛清潔光亮。對於養長毛狗的人來說，每天為狗梳理漂亮的皮毛是必不可少的功課。

給狗特製的梳理工具有尼龍的、豬鬃的、不銹鋼的及木質的刷子，梳齒的長度根據它皮毛的長短來選擇。不要使用塑膠的或有機玻璃製的梳子，這些東西會產生靜電，使狗感到不舒服。梳理之前給它看一下刷子，如果它喜歡還可以給它玩一會，這樣梳刷時，它就不會害怕了。

當狗看不見我們在做什麼時，它就不會反抗，因此刷毛要從狗的後背開始，順著皮毛生長的方向，從上到下梳刷，慢慢地，它會感到很舒服，這時候你再梳理前面，它就樂於接受了。動作要輕快，不能用力過猛，如果你弄疼了它，它以後就再也不讓你給它梳毛了。碰到纏結在一起

的毛可一手握住毛根部，另一隻手梳理，如果毛已經結成球，就用剪刀剪掉。注意狗的頭部和腹部，體毛比較薄的地方要用軟毛刷子，硬毛刷會損傷它的皮膚。

不同品種的狗，梳理方法也不盡相同。對短毛品種的狗，用鋼製梳子梳掉外層脫落的毛，一般每週一次即可；而對於毛特別短的狗，只要用毛巾為它擦去身上的浮土就行了；長毛狗可根據其皮毛的軟硬，來選用梳子，具體的梳理方法是：把一定數量的毛拿在手裏，從毛根到毛梢輕輕梳通，如果感覺梳理不暢，就在上面灑些爽身粉或梳毛粉後再梳。在梳理過程中，要仔細觀察皮毛中有無皮膚病或跳蚤之類的寄生蟲，以便及早治療。

餵狗時不宜梳刷，以免它把梳下來的殘毛吃到肚子裏，引起消化系統疾病。梳理下來的亂毛，要及時清除乾淨，以免隨風飄散而影響環境衛生。同時，梳刷工具要保持清潔，並定期消毒。

一般情況下，一週給狗梳刷一次就可以了，在春季換毛時應勤於梳刷。對於北京犬、西施犬、阿富汗犬、約克夏犬以及馬爾濟斯犬等長毛狗，最好每天梳理，才能使它們顯得更加飄逸亮麗。

2.怎樣給狗洗澡？（如圖 A-4-1 圖～A-4-7）

有的人愛乾淨，幾乎天天給狗洗澡，這樣做會把狗皮毛上的天然油脂洗掉，使它的毛變得脆弱暗淡，容易脫落，皮膚變得敏感。

通常，室內養的狗每月洗 1 次澡即可，短毛品種的狗，經常擦拭一下身體，可以終生不洗澡。

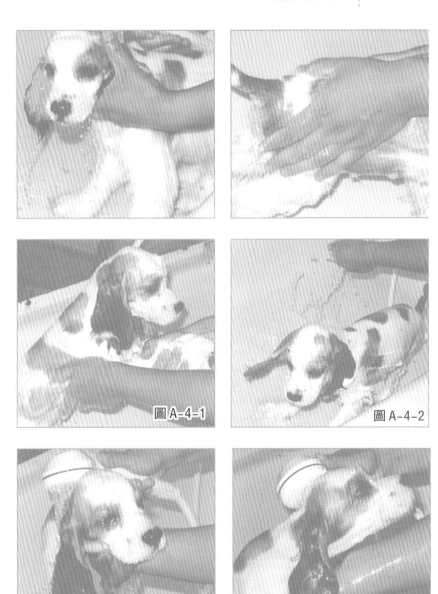

圖 A-4-1

圖 A-4-2

圖 A-4-3

圖 A-4-4

圖A-4-5

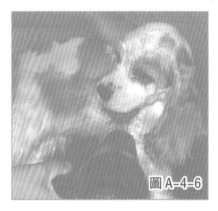

圖A-4-6

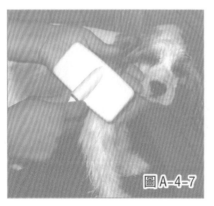

圖A-4-7

半歲以內的小狗由於抵抗力較弱，洗澡時容易受涼而感冒，尤其是北京犬一類的扁鼻子狗，很容易感冒、流鼻水。

有的人給狗乾洗，就是先在狗的皮毛上噴灑稀釋 1000 倍以上的護髮素或嬰兒爽身粉，然後從頭到尾梳刷，效果也不錯。

小狗怕洗澡，尤其是沙皮狗更怕水，因此，洗澡前要做好準備工作，把洗澡用的東西放在面前，包括海綿、香波和大點的毛巾。先給狗梳刷，這樣既可把纏結在一起的皮毛梳開，除去大塊的污垢，又讓它習慣了主人擺弄它的肢體。

用臉盆裝滿溫水，將小狗放在水裏——露出頭和脖子，如果它想掙脫，不要就此甘休，一邊溫柔地安慰它，一邊快速地把全身打濕。有條件的可以在水龍頭上連接一根帶噴頭的軟管沖洗，狗更適合淋浴，沖洗頭部時，噴頭要緊貼它的身體，這樣可以減小水聲對它的驚嚇。

當它被水濕透後，就將狗用香波擠到海綿上，揉出泡沫，然後從

它的尾部開始，逆著毛往前塗抹，直到塗遍全身。需要注意的是，人的洗浴用品不適合狗。沖洗時別忘了先檢查水溫是否合適，沖洗的順序正好與抹香波相反，先從頭部開始，最後才是尾部。對於垂耳狗可以直接從它頭頂沖下來，立耳狗要把它的兩耳壓下去再沖水，注意不要讓水流到狗的鼻子和眼睛裏。香波一定要沖洗乾淨，否則殘留的化學藥品會刺激皮膚而引起皮炎。

另外，不要忘記幫愛犬洗一下它的肛門腺，狗的肛門腺是積存廢物的地方，每次洗澡的時候都要擠一下，否則那裏就會發出臭味。擠的時候它會有輕微的疼痛，沒關係，洗完就沒事了。如果是公狗，還有必要幫它洗洗陰莖，這個部位的毛較長並且容易髒。

洗好後，用毛巾包住頭部，儘量將水擦乾。再對著狗耳朵吹口氣，它就會甩甩耳朵，抖抖毛，水氣也隨之飄散到空氣中了。不要將洗澡後的小狗放在室外晾乾，因為這時小狗的抵抗力很弱，一冷一熱容易感冒而導致肺炎。長毛狗可用吹風機把它的毛吹乾，注意電吹風不能離得太近，溫度高會燙傷它的皮膚。在吹風的同時，要不斷地為它梳毛，直到毛吹乾為止。腋下和股內側不要遺漏，那裏容易由於潮濕而生皮膚病。

這一切做好之後別忘了獎勵它一頓美食！

3. 怎樣給狗清潔耳朵？

長毛狗的耳朵內毛比較多，容易沾染汙物，如果不清除，積存的耳垢就會堵塞耳道，引起感染發炎。如果你的狗經常搖頭抓耳，就需要為它清潔耳朵了。

到寵物商店買些專用耳粉，噴到狗耳朵裏，耳毛就很容易被拔出來了，另外耳粉還有防治耳病的作用。手指狗不到的耳毛，可用剪毛刀深入修剪，但要注意不能剪傷耳內層的皮膚皺褶，一旦剪傷應立即敷上凝血劑。

短毛狗的耳朵裏幾乎不長毛，可在小鑷子上包好脫脂棉球，沾上一些耳內清潔劑或液體石蠟，輕輕伸進狗耳朵內，擦去耳道內的塵土和耳屎，擦的動作不能太劇烈。擦乾淨後撒些耳朵專用乾燥劑，不要將爽身粉等撒入耳內，以防形成難以去除的硬結。

對於長耳朵狗如馬爾他犬和臘腸犬，耳朵內長有密毛的西施犬、貴婦犬等容易患外耳炎的狗，應每兩週檢查一次耳朵，炎熱的夏季應每週為它清潔耳朵。

4. 怎樣給狗剪趾甲？

狗的趾甲長得非常快，室內養的狗沒有多少機會在粗糙的地面磨趾甲，主人若不經常給它修剪，趾甲就會彎曲嵌入肉中，導致腳趾紅腫發炎，走路姿態難看。

幼狗的趾甲過長時可用主人的指甲刀直接剪，注意不要傷及爪部的血管。成年狗的趾甲較硬，要到寵物商店買把狗用趾甲剪，將趾甲在熱水中泡軟了再剪，或者在給狗洗澡之後，順便把它的趾甲剪一下。

修剪時，一手垂直握住趾甲剪，一手拉住狗的前爪，先將趾甲的尖端部分垂直剪掉，然後將所形成的尖角斜向剪下，最後用銼刀將斷面挫得圓潤一些。後腳的趾甲就不用剪了，因為它看起來總比前腳的短。

白毛狗或淺色狗趾甲中的血管很明顯，但黑色狗的血

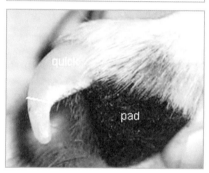

管就不容易看到了，所以要一點點剪，當狗試圖縮回腳爪時，可能就是要剪到它的肉了。如果不小心剪出了血，馬上塗碘酒消毒，並用藥棉壓住狗爪子的前端止血。

5. 怎樣對付狗身上的跳蚤和蝨子？

對於狗身上的跳蚤如果及早發現，還是很容易消滅的。把它每天臥在下面的墊子用濕的白毛巾抽打，如果上面粘著些小黑點，就說明狗身上有跳蚤。

現在很多狗用香波都具有消滅跳蚤功能，給狗洗澡時可以將大部分跳蚤消滅；對於不喜歡洗澡的狗，還有跳蚤粉，撥開它可能有跳蚤的耳朵後面、脖子周圍和尾巴根部的毛，

灑上跳蚤粉，然後用刷子梳理，跳蚤粉要每隔兩天灑一次。

對付跳蚤是一個長期的工作，就算狗身上的跳蚤已被除盡，但如果不對周圍環境徹底清理的話，跳蚤還會捲土重來。對狗的生活環境消毒，可用敵百蟲、溴氰菊酯等藥物配成所需濃度噴霧，或用魚藤酮粉灑在各處，由於藥物對蟲卵沒有殺滅作用，所以 10～15 天後再重複噴灑一次。

6. 怎樣給長毛狗剪毛？

給狗剪毛可不能像給人理髮一樣，按自己的意願想怎麼剪就怎麼剪，因為給狗剪毛的目的是要掩飾它的缺點，讓它擁有最理想的狗形象。

推子是剪毛的常用工具，給狗剪毛要先從腿部開始，然後是尾巴、背部、頸部，最後是頭部，一定要用推子貼著皮膚剪，千萬不要把皮毛揪起來剪，那樣很可能會剪傷它的皮膚。對於狗來說，一個夏天剪一次毛就足夠了。另外，在剪毛時要保留下腹部的毛，這些毛可以保護狗的生殖器官不受傷害。

各品種狗的造型是不一樣的，貴賓犬的長毛可以被修剪成各種招人喜歡的樣子，但貴賓犬的頭小，可把它頭上的毛留長些，並修剪成圓形；頭部偏大的狗，就得想辦法把頭上的毛剪短，而脖子上的毛不剪；對於臉長的狗可以把它嘴巴周圍的毛修成圓形；上下牙齒咬合不正

的狗，可以給它留出絡腮鬍子，這樣就緩和了它突出的額部；眼睛小的狗可把它的上眼毛剪掉一些，使它的眼睛看起來更大。

身體過於單薄的狗，它的毛要留得長一些，以增加豐滿的感覺。身體長的狗，可將其前胸和臀部的毛剪掉，再把其他皮毛用捲毛器捲得蓬鬆些；駝背的狗把它背上的毛剪短，脖子上和腰部的皮毛留著，這樣看起來它的背就會直些；X型腿的狗可以在外側多留一些毛，而將內側的毛剪短；O型腿的狗則正好相反，這樣它們的腿看起來就會直一些；標準貴賓犬的腿要環繞修剪，才能剪出圓柱形的效果，腿的修剪應注意位置，過高過低都會使狗看起來很滑稽。

還有的狗，比如蝴蝶犬，它們腳趾上的雜毛也要適當剪掉，如果結成團就會妨礙它走路，腳墊上的叢毛需要剪短與腳墊平齊，修剪後的腳趾看起來光潔圓潤。

7. 怎樣給長毛狗梳妝打扮？

為長毛狗梳妝打扮，要根據其體型、毛質毛量以及主人的喜好不同而有所差異。有些狗的長毛容易脫落和斷裂，就不適合紮束起來，但如果它的長毛給生活帶來了不便，比如額頭的毛垂下來擋住了眼睛，吃飯時耳毛垂進碗裏，這時就需要給它紮起來了。

頭頂毛的紮法：

馬爾濟斯犬可以紮成左右兩個小辮子，用梳子把頭頂毛分成左右均勻的兩部分，注意與背中線相一致，然後將一部分梳理通順，用橡皮筋紮好，再同樣處理另一部分，最後配兩條緞帶，會使它顯得天真嫵媚；約克夏犬和西施

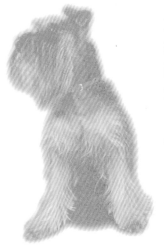

犬是把眉頭的毛拉到頭頂紮起，橡皮筋最好繞兩圈，不要因為狗的活動而使毛髮蓬亂鬆散，但是也不要綁到靠近皮膚處，因為狗同樣不喜歡皮膚被揪緊的感覺。

阿富汗獵犬、拉薩獅子犬和西施犬等長毛犬需要沿著它的背中線分出一條筆直的縫，即梳子由頭頂部開始沿背中線向尾部慢慢移動，直到尾根，注意梳子的拿法應始終與狗的身體有一定的傾斜角度。臀部的毛自肛門下邊分開，從腳跟到臀部取毛，也可從腳跟到背的中心線取毛，分別紮起來。無論從哪個部位紮起來，都要注意不能妨礙肌肉活動。

尾巴也是狗身上最愛動的部分，一般不用給它紮起來，只有馬爾濟斯犬毛量較多，需要分兩部分固定。

8. 怎樣給貴賓犬剪毛？

要想使你的貴賓犬高貴優雅，關鍵是在它的幼年時，就要開始為其剪毛。在貴賓犬6～8個月大時，只需剪短它的面部、腳爪和尾巴根部的毛。剪面部的毛時，千萬不要剪掉眼睛以上的毛；四隻腳上的毛要從腳踝以下剪掉。其他地方的毛就不要剪了，否則要等很長時間才能長起來，影響了它成年以後的造型。

成年貴賓犬的修剪有馬鞍式修剪法，具體方法是：

頭部在它幼年的修剪基礎上，再儘量剪短，使面部輪廓清晰，頭頂毛留長，用橡皮筋紮好。

兩個前爪的毛要剪短，使腳爪裸露。在腳關節處修剪

出一個圓形毛球，前腿上部、前軀幹及頸部的毛應留長，並要修出圓弧形。

後軀幹的毛要剪短，只留 2 公分左右。它的兩後腿長，應在膝關節和踝關節各留一個毛球，這樣既美觀協調，又預防了關節炎。

尾巴尖也要修剪出一個大毛球，尾巴根部的毛要剪短，這樣才能使尾尖的毛球醒目突出。

9. 怎樣使狗的毛色更靚麗？

首先，從狗的營養上入手，適當餵給瘦肉、蛋黃、維生素 E 和魚肝油，保證其皮毛所需的營養，糖和鹽要少餵，糖會使狗肥胖，毛質也會變差；鹽會使它的皮毛粗糙無光。

還要讓狗多運動，促進血液循環，從而使皮毛光亮；每次給它梳毛之後，再用軟皮革或在毛巾上塗些護毛油擦拭一下，可使其皮毛光亮。

另外，狗不應生活在太暖和的環境中，經常靠著火爐取暖的狗，其皮毛會乾澀雜亂。

那些以長毛來爭奇鬥豔的狗，如阿富汗獵犬、博美和約克夏犬等，可以用噴霧器裝上蒸餾水，薄薄的給它噴上一層，再用吹風機適當地吹一下，這樣皮毛看起來就很蓬鬆順滑了。

10. 怎樣給狗刷牙？
（如圖 A-4-8、圖 A-4-9、圖 A-4-10）

狗的牙齒比人類堅硬得多，並且牙齒表面一層厚厚的琺瑯質還可以保護牙齒，所以狗沒有必要像人一樣每天刷

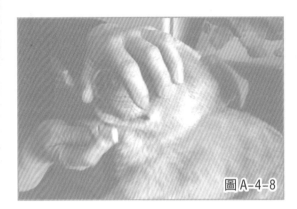

圖A-4-8

圖A-4-9

圖A-4-10

牙。但是，有些小型狗容易產生齒垢和牙結石，而引發牙周炎等病。另外，如果牙縫裏塞了東西，時間長了也會影響其消化，所以每隔幾天要它給刷一次牙。

為了讓狗逐漸習慣刷牙，主人可先用手指纏上紗布，蘸點水，試著伸到它嘴裏擦洗，清除齒垢。在狗不那麼反感主人擺弄它的牙齒後，就可以用新的軟毛牙刷或狗專用牙刷給它刷牙了。狗討厭牙膏味，刷牙時可沾些牙粉或什麼也不用，沾點水直接刷就行了。

經常吃軟食物的狗，由於不需要咀嚼，所以容易形成牙結石，給餵些骨頭或乾硬食物，將有利於健齒。

訓練篇

　　訓練應該是在人與狗建立了良好的夥伴關係的基礎上進行，而不是去主宰狗，把狗當作奴才一樣吆喝打罵。訓練中多肯定它，告訴它你想讓它怎樣做，不要總是制止它做什麼。經常給它些愛撫和表揚，你就會擁有一個幸福和快樂的夥伴。

　　事實上，狗無時無刻不在想著取悅主人，只要是主人高興的事，它都願意去做。所以你只要付出愛心與耐心，訓練就是一件非常有樂趣的事情。

| 第一章 | 幼狗的調教 |

訓練幼狗要考慮它的身體和智力發育情況，不要限定時間去訓練某一個項目，可以一邊跟它玩一邊讓它記住信號和一些動作。

不要因為小狗學得慢就說它笨，即使是一個簡單的口令也應一遍又一遍地重複訓練。

經常變換訓練方式對於加強小狗的記憶很有幫助。不管怎樣，只要你開始了對小狗的訓練，就能逐漸從中摸索出自己的一套訓練方法。

1. 呼喚名字的訓練要從幼狗開始

首先，給它起個名字，叫起來應該簡潔響亮。每次餵食的時候，主人一邊接近幼狗，一邊用溫和的語調呼喚它的名字，然後把食物放在它的面前。平時把幼狗喜歡吃的乾糧隨身攜帶，在與它玩耍時喊它的名字，當它搖頭晃腦地過來時，就獎勵它一些好吃的。用這種食物刺激的方法，就能使幼狗逐漸對它的名字產生條件反射，最後再給它一些撫摸和誇獎，來鞏固訓練效果。

不要在呼喚它的名字無反應的時候，惱羞成怒地斥責它，這樣做的次數多了，它以後就再也不理你了；也不要大呼小叫地去追，那樣只會把它嚇跑。這種情況可採取拍

手、後退等動作引起幼狗的興奮，使它向你跑過來，同時嘴裏不斷地呼喚著幼狗的名字。

幼狗的名字一旦開始使用，最好不要隨便更改。如果它在一段時間後，仍然對自己的名字沒有反應，就得想想在哪裡出了差錯：比如，你是不是在呼喚名字時聲音過高，使它誤以為你是在訓斥它；或者，你把它的名字與其他口令混在一起，使它無所適從？

當你無論在哪裡呼喚幼狗的名字，它都能毫不猶豫地向你跑來時，這項訓練就算完成了。

2. 怎樣調教出幼狗良好的性格？

幼狗在兩個月大的時候記性最好，是培養良好性格，樹立自信心的關鍵時期，這時候要讓它與人親密接觸，經常抱一抱它，讓它熟悉人的氣味。當它討好你的時候，給

它一個愛撫，讓它知道你喜歡它，以後它就能夠把人當作朋友。到了3個多月還不接觸人的幼狗，其野性就難以被馴服了，也不會與人友善相處。

幼狗像小孩子一樣，成長的環境很重要，在室內養大的狗，從小就圍繞在主人身邊，熟悉主人的生活規律，比在室外養大的狗容易溝通。

教育幼狗應該效仿它的媽媽，採取積極和藹的方式。如果它表現得乖，就會得到一頓美餐或愛撫；當它不慎做錯了什麼時，也不要用粗暴或突然的動作對待它，嚴厲的訓斥足可以讓幼狗明白：你不喜歡它的舉動。對幼狗經常打罵，會使它的心理留下陰影，使它的一生都遠離人。

當然對於它的不合理要求也不能姑息遷就，尤其是3～4個月的幼狗開始變得有主見了，這時候如果不培養它的服從心，那麼它以後就要控制主人了。

另外，狗也需要社交，從小就經常帶它們出去，鼓勵它與其他的狗或小動物玩耍。幼狗們在一起玩時比較粗野，這是很自然的。不要阻止幼狗對它的夥伴吠叫，只有在它有真正的攻擊行為時，才去嚴厲地制止。這樣，既培養了幼狗的自信，又養成了它隨和的性格，長大以後它也就不會隨便攻擊人或其他動物了。

3. 怎樣正確地抱小狗？

有的人把小狗像嬰孩一樣仰面朝天地抱著，雖然它不會表示反抗，但它心裏是不高興的，因為所有的動物都不喜歡暴露它柔弱的腹部（圖 B-1-1）。

大部分人圖方便，用一隻手抓住小狗脖頸上的皮毛，

圖 B-1-1

圖 B-1-2

就把它提了起來。其實它也會感覺痛的,而且這樣抓的時間長了還會使它嘔吐或窒息。

還有人用手夾起小狗的兩前肢,把它的身體像蕩秋千一樣懸起來,這都是不正確的抱法(圖 B-1-2)。

應該是一隻手托小狗的屁股,另一隻手掌支撐起它的前

圖 B-1-3

胸,這樣被抱著,它會感覺舒服些(圖 B-1-3)。

當你的孩子抱小狗的時候,應該注意不要讓他把小狗勒得太緊,可以讓孩子兩腿交叉坐在地上,把小狗放在兩腿中間,這樣做比較安全。

4. 怎樣使幼狗適應新環境?

把幼狗帶回家,是它開始新生活的第一個關鍵時刻,在帶它回家的路上,你最好能在旁邊輕輕地安撫,讓它感

覺到在你懷抱裏的溫馨。

到家後，讓幼狗先休息一下！不要因為好奇而逗弄已經疲憊的它，也不要馬上給它很多美食，可先給它喝點水，活動一下筋骨。

幼狗有生以來，第一次離開父母及兄弟姐妹來到陌生的地方，會倍感孤獨和憂慮，作為主人要多陪陪它，和它玩耍，告訴它吃飯和睡覺的地方，當它能圍著你身邊轉時，說明它已接受了你和這個家。

幼狗在新主人家裏會怎樣度過第一個夜晚呢，它不是一覺睡到天大亮，前半夜醒來時還常常跟窩裏的同伴打鬧一會，假如見不到它們，它就會因為孤獨寂寞而哀鳴。所以，你得做好晚上被吵醒的準備，千萬不要聽到叫聲就去看它，這樣它會形成「一叫就有人來到身邊」的記憶，於是叫得更歡了。你要忍耐兩個晚上，讓它習慣單獨睡在自己的地方。也可以把它們用過的帶有「狗味」的東西放在窩裏，這樣它在睡覺時也能安心一些。

如果你喜歡與狗形影不離地生活在一起，那麼，乾脆就把它的窩放在你的床邊，這樣當它半夜醒來時，你可以用手撫摸它，像它的媽媽一樣哄它入睡。

總之，要讓幼狗在你家吃得好，睡得香，這樣它很快就會把這裏當作自己的家了。

5. 怎樣使幼狗習慣被撫摸？

大多數幼狗喜歡被人抱著或摸摸頭，但有些敏感的或曾經受到過傷害的狗，就可能對人的撫摸產生反感，甚至逃跑。

對於敏感的幼狗，可以在它安靜時，把它抱在你的膝蓋上，柔聲細語地愛撫它，讓它明白主人的愛。當它對你不那麼反感了，就可以叫著它的名字讓它過來。如果幼狗同意你摸它的肚子，就是完全相信你了。

對人抱有戒心的狗，它可能曾經受到過人的傷害，你可以利用給它餵食的機會，慢慢地伸出手，摸摸它的腳或背部，然後就可以得寸進尺地抱起它撫摸，並且用溫和的聲音安慰它，相信它很快就會被感動的。

6. 怎樣使幼狗遠離危險？

狗兒們有著很強的好奇心，它會去吞吃一些你想不到的東西，比如洗衣粉、針、小孩玩具等，所以平時你要把這些危險物品放在它夠不到的地方。它還喜歡盯著主人的一舉一動，當主人用肥皂洗手後，它可能隨後就去模仿主人「拿」起肥皂，如果吞了下去，肚子裏就會產生大量的泡沫，很快窒息而死，所以洗潔精、肥皂也要放在一定高度的地方，避免它吃下去。

在冬季，室內養的幼狗喜歡長時間的趴在暖氣旁取暖，這樣它可能會被灼傷，而且容易引起感冒。

電源線應妥善處理，否則它可能會啃咬電源插頭和咬破電源線，造成觸電死亡。

貴重物品要鎖好，小狗雖然不會偷走這些東西，但有可能弄壞它而造成不必要的損失。

院子裏的死老鼠也要及時清理，因為狗對動物屍體天生有著濃厚的興趣。如果老鼠是死於毒藥，那麼幼狗吃了它，也會中毒。

在外面草地上玩耍時，主人更要盯牢幼狗，因為它喜歡追逐蒼蠅或蜜蜂，抓蒼蠅倒也無所謂，追蜜蜂就不那麼好玩了，它可能會被蜜蜂蜇得鼻青臉腫。

7. 怎樣為小狗選擇玩具？

在家庭中，拖鞋、襪子和日記本等帶有主人氣味的東西，小狗都會愛不釋「手」，它會咬壞所有可能到「手」的物品；當你從外面回到家時，小狗也會由於極度興奮而抱著你的手又親又啃。所以，你應該給它買些硬橡膠製成的玩具，當幼狗興奮或孤獨時，都可以丟給它來代替你的手，讓它發洩一下情緒。

選擇為狗設計的玩具，外形意義不大，只要結實耐用，一個廉價的容易散架的玩具對它來說是很危險的，因為它會把碎片吞下去。

用來咀嚼的玩具骨頭安全又乾淨，小狗會愛不釋手，甚至長年累月不厭其煩。

橡皮球適合你和小狗玩投擲和銜取的遊戲，但要注意皮球的大小應該以不會被它吞下去為好，而且隨著它年齡的增長，皮球的尺寸也要增加。

結實的能發聲的小孩玩具也是小狗喜歡的東西，它可以把玩具想像成小動物，在想像中一次又一次地殺死對手。還有毛絨玩具，也比較適合小狗的趣味。

8. 幼狗怎樣運動？

出生 3 個月的幼狗就應當開始做適當的運動了，讓它到外面去跑跑跳跳就是自由運動。也可以扔東西讓它去

揀，既達到了人和狗的相互娛樂又鍛鍊了身體，對幼狗來說遊戲是最好的運動。

一些小型狗精力旺盛，運動可多些。運動的形式多種多樣，可用牽引帶牽著它散步、小跑，有條件的還可以帶它去游泳，經常游泳的狗胸肌特別壯碩，而且游泳對幼狗的骨骼、呼吸系統和循環系統等全身各部發育都有益處。5個月的幼狗自己有些懶得動，如果老是吃完就睡的話，就會變成肥胖狗，這時主人一定要每天帶它去跑步。

幼狗的運動量要靈活掌握，看出它顯得疲勞的樣子，就要休息，因為它的骨骼和肌肉還沒有完全發育好，體力不足。如果幼狗運動後很疲勞，甚至有些虛脫的樣子，那麼，這種運動對它的身體就是有副作用。帶著體質較弱的幼狗散步，你最好用牽引帶拉著它，可以從手上感覺到它是否疲勞了。

夏季帶狗運動應選擇早晚涼爽時間，防止太陽直射而中暑；運動後不要立即餵給食物和水，否則它可能會由於胃腸道蠕動加快而嘔吐。

帶狗運動還要持之以恆，不能三天打魚二天曬網。運動時間也要固定，不可以在前一天讓它激烈運動，而第二天你沒時間陪它，就讓它閑著。突擊運動對小狗的身體也是有害的。

9. 怎樣讓幼狗知道追逐汽車是危險的？

帶幼狗上街時，要始終用牽引帶控制著它。因為狗喜歡追逐，這可以追溯到狗的祖先——狼，為了食物而奔跑追逐的時代，對於它來說一輛行駛中的汽車就是一隻正在

逃跑的羊。作為狗的主人我們有責任保護它的安全，在車禍即將發生之前，遠距離命令狗「趴下」可以挽救它的生命。

當一輛汽車經過幼狗的領地時，它也會追逐，車輛跑遠了，幼狗會為它的勝利而洋洋自得，它沒有意識到危險就在面前。

遙控訓練可以阻止它即將做出的錯誤決定。找一個人將幼狗抱開一段距離後放開，讓它跑向主人，這時主人呼喚幼狗的名字，並發出「趴下」的命令，如果它執行了命令，就獎勵它。再結合等待的訓練，進一步鞏固幼狗對趴下動作的條件反射。

10. 怎樣樹立主人威信？

狗把自己與主人看成是一個群體的，它對主人的服從和信任，也是由於它認為主人是群體的首領。作為狗的主

人必須威嚴果斷，這就是為什麼狗害怕男主人，而在溫柔的女主人或者小孩面前就會隨隨便便。但是如果女主人嚴厲一些，它也會俯首貼耳的。

重要的是在狗還很小的時候就要樹立起你的主人形象，在你與幼狗之間確立一種等級觀念，讓它認識到在這個群體中，所有人的地位都比它高，而你是它的頭兒！吃飯的時候，你要先吃，然後再給它吃。你必須讓幼狗認識到它是這個群體中等級最低的一個，這樣它將來才能成為一條聽話的好狗。

另外，給幼狗以需要的食物、安全和快樂，這是群體首領的責任，它就會很自然地追隨著你。

遊戲可以模仿狗的祖先的一系列捕獵行為，由遊戲可以培養幼狗的服從觀念，你作為它的主人要對遊戲進行控制。在共同玩耍時，應該是你而不是它來決定遊戲什麼時候開始，什麼時候結束。比如你拿出玩具來表示遊戲開始，之後將玩具強行拿開表示遊戲結束，即使它拽你的衣服或手指也不能接著玩了。

也可以與它玩一些力量型的遊戲，比如拔河，使幼狗知道它的力氣不如主人，從而意識到它的地位。

與控制欲強的幼狗做遊戲，主人必須贏，不要讓它把玩具作為「戰利品」銜走，必須由主人保存玩具。

11. 幼狗接受訓練的最好時期是在多大年齡？

3～4個月大的幼狗在體力和智慧上，已經達到了能夠接受簡單訓練的水準，這個時期的幼狗比較單純，容易訓練，也是它與主人建立依戀關係的最佳時候。但是，對它

的訓練還不能太勞累，否則就收不到預期效果，甚至還有可能毀了一條好狗的身體而斷送它的大好前程。

6～8個月的幼狗儘管已經具備了一定的體力和智慧，但如果它還沒有與訓練人建立依戀關係，就會在訓練中存有戒心，加之訓練方法不當，就會使它失去對人的信任而導致訓練失敗。如果就此放棄對它的調教，任它胡作非為，就很容易養成惡習，變得不可救藥。

10個月以後才開始訓練的幼狗，雖然它的體力和領會能力都很強，但它經常會按照自己的意願行動，不聽從指揮，這時如果訓練人採取粗暴態度對待，就很容易激起它的反感和敵意，使得訓練很難進行下去。

12. 怎樣訓練幼狗叼東西？

幼狗長牙時，先試著給它叼一些布片或襪子之類的東西。等幼狗坐下來後，把東西拿給它看，確定它牢固地叼住了，再發出「叼住」的口令，在你下達「給我」的口令前，不允許它將叼著的東西吐出。

這個時期還不能指望它能從地上揀起東西，所以，你只能用手給它。剛開始練習時，小狗每次叼住的時間不可超過幾秒鐘，以後逐漸提高它叼東西的能力，如果

它叼不住或啃咬這個東西，就重複「叼住」的口令。

對於不肯開口的小狗，可以手拿物品輕輕敲打它的嘴，或者乾脆掰開它的嘴，把物品塞進去，並托住它的下顎保持一會。然後命令它「給我」，並用雙手去接，但不要去搶，那樣將會在你與小狗之間展開一場爭奪戰。

13. 為什麼不能把小狗當作孩子看待？

很多養狗人喜歡把幼狗當作自己的孩子，親切地稱呼它為「寶寶」，或者自稱是小狗的「媽媽」、「奶奶」。當然，小狗懂得主人這樣是愛它的；但我們應該把狗當作平等的生命來尊重，人與狗應該是夥伴關係。

如果你像對待嬰兒一樣，總是奶聲奶氣地對小狗說話，它可能就會永遠長不大，像個小孩子一樣嘴裏亂嚼東西，一興奮就尿尿……

當它不再是小狗崽的時候，就換一個方式表達你的愛吧。

14. 幼狗勇敢性的培養

大多數狗由於長期與人親密地生活在一起，性情變得溫順，對任何人都十分友好和信任，要是做看家護院或警衛工作，這樣顯然是不行的。由一些爭鬥性的遊戲，可以對幼狗進行早期的啟蒙教育，恢復它的勇敢和警惕性。

幼狗的遊戲訓練與成年狗的正規技能訓練有所不同，主人應在與幼狗玩耍的過程中，有意識地培養它的勇敢。比如手拿布片或細木棍逗弄幼狗，讓它把你想像成「假設敵人」，並且故意讓它取勝，給它叼住布片或咬住木棍，

以增強它的自信心。由於幼狗的骨骼和牙齒發育還不成熟，遊戲時要注意拉扯的力度，以免發生意外傷害。

另外，狗天生喜歡群體進攻，多隻幼狗在一起玩耍或爭搶物品時，動作非常誇張和粗野，有時會引起暫時的不愉快，但很快就能夠平息，它們重新投入了遊戲。如果你加入它們的爭鬥遊戲，一定是受歡迎的，它們會很樂於將你想像成「敵人」，而共同對付你這個「假設敵人」。由於幼狗們普遍爭強好勝，所以遊戲中你一定要讓它們都能得到獎勵，否則搶不到物品的幼狗就會垂頭喪氣，而已經搶到物品的幼狗也會因為得不到獎勵而興味索然。

對於缺乏警惕性的幼狗，就應該讓它領教一下陌生人的厲害。請一個它不熟悉的人用食物逗引它，當它要親熱地迎上去時，陌生人出其不意地給它鼻頭上來一下，讓它懂得除了主人，任何人都是不能相信的。

15. 怎樣使幼狗適應牽引帶？

牽引帶是馴狗必不可少的裝備，也是控制它的手段。

一開始，先使它適應項圈，準備一個鬆軟結實的項圈，在與幼狗進行遊戲的時候，不知不覺中套在它的脖子上。這時它很可能會變得不敢走路，或是想方設法將項圈扒下，你可不要亂了方寸，靜觀其變，或者用食物逗引的方法分散一下它的注意力。

以後在與幼狗的遊戲中，可以在它不注意你的手時去抓項圈。如果它有抵抗的動作，不能強拉項圈使它就範，否則會使它對項圈產生反感，下一步就很難進行了。此時應立即放手，並撫摸它的脖子或背部，分散了它的注意

力,再去抓項圈。

　　當幼狗對脖子上的項圈已經習以為常時,就可以在那上面聯結牽引帶了。同樣為了使它沒有察覺,動作要輕快。聯結好以後,先不要用力拉扯,而是順著它用力的方向,讓它逐漸適應。碰到它企圖啃咬牽引帶的情況,也不要使勁拉繩子,那樣它會鬧得更歡。你可以放鬆繩子,然後突然收緊,嚇唬它一下;或者把它牽到食盆邊,讓它明白「繫牽引帶就意味著有食物吃」。

　　當幼狗對牽引帶產生了信任,不再掙脫跳躍時,就可以放長帶子領它到外面散步了。在這一階段,不要把牽引帶縮得太短,而讓幼狗知道它是自由的。當它偶爾走在你的左側時,就及時表揚並且說「跟上」。如果它緊拽牽引帶,就將繩子輕輕頓一下,讓它知道這樣做不合適。

第二章 | 帶狗玩

對於狗來說，和主人在一起的一切活動都是令它高興和幸福的，諸如叼飛盤、拔河遊戲以及陪伴主人外出散步、乘車旅行，對大多數狗來說也是非常好玩的遊戲。

1. 怎樣與狗做遊戲？

很多人把與狗做遊戲理解為逗狗玩，其實不然，狗會非常認真地對待每一項遊戲，它仔細地從一堆玩具中挑出自己喜歡的一件交給主人，然後和主人一起開始遊戲。

銜取遊戲是你扔出去一個玩具或者飛盤，狗追過去，銜回來交給你。

捕殺遊戲是狗最喜歡的娛樂方式，它在那裏一邊狂吠，一邊搖晃著玩具或主人的一隻襪子，不亦樂乎！

拔河遊戲是你拽著繩子的一頭，狗用嘴叼住

繩子的另一頭跟你較勁，如果你鬆開繩子，那麼狗就贏了。

如果狗的控制慾很強，你就必須贏得所有的比賽；如果狗過於順從，或有些懦弱，就讓它贏幾次，使它變得自信起來！

與狗一起玩的時候，還要時刻注意它的情緒變化，它很可能會過於興奮，這時要拿開玩具，等它稍微冷靜一些再繼續。小孩與狗玩的時候不要大喊大叫，那樣會使它興奮得忘乎所以。

遊戲時，它常常表現得非常賣力，所以，當你想從狗嘴裏取東西時，一定要留心它的牙齒，它可能會不經意的在你手上留下印記或傷口，可以試著用食物跟它交換嘴裏的東西。

2. 選擇什麼時間地點帶狗去散步？

一大清早在人們還沒有出門之前，就帶狗出去散步。這個時間對於第一次外出的幼狗非常合適，它不會因外面人多而被驚嚇逃走。如果它表現得很乖，可以試著解開它的牽引帶，當它跑遠時，可用不慌不忙的語氣命令「回來」，千萬不要大呼小叫地追在後面喊，那樣只會把它嚇跑。也可向它投擲小石子，提醒一下。

一開始，遛的時間不能太長，十分鐘左右為好，以後逐漸增加。炎熱的季節更應選擇早晚帶狗散步，避免中暑。

每次給狗餵食後，可讓它稍微活動一下，帶它出去走一會兒，有助於消化和吸收。經常被關在家裏的狗，更要

每天抽時間帶它去外面遛達，這有利於培養狗的好心情，避免它因煩躁而養成惡習。

對於有散步習慣的狗，不管颳風下雨都不能停止，因為它已經把散步當作一天中必不可少的節目了。有的主人到哪裡都願意帶著狗，可是到商店買東西的時候就儘量別帶它了，因為大多數商店規定寵物禁止入內。

3.怎樣使狗適應汽車旅行？

大多數狗喜歡乘車旅行，喜歡和主人及其家人在一起。從狗小時候開始，就要讓它熟悉汽車，把它放在停著的汽車裏，如果它表現很乖的話就表揚和鼓勵，在車裏餵狗會讓它更喜歡乘汽車。

開車前的準備：打開車門，命令狗「進去」，如果表現得好，就獎勵它。體型大的狗必須坐在車子的後排，最好把它放在能卡在車後排座位的鐵網箱裏，防止狗被晃下來摔傷。

汽車行使時，一些狗顯得過於興奮，可以用一根牽引帶把它拴在車門把手上，繩子不能太短，這樣狗在車裏仍然能轉身或躺下。幾

乎所有的狗都會因暈車而流口
水或嘔吐，不必驚慌，先不用
給它吃藥，它會很快適應的。
如果狗一表現出暈車的樣子，
主人就想方設法遷就它，這會
讓它覺得主人是在鼓勵它，它
就會繼續做出暈車的反應。

　　路上可以給它喝點水，儘
量不要吃東西；如果是長途旅
行，中間可以給它吃些熟雞
蛋，這可以免去排便的麻煩。

　　下車的訓練：開車門時讓狗「等著」，下車後馬上命
令它「坐下」，這可以幫助狗稍微冷靜一下，免得跑到馬
路上去，那是很危險的。

4. 開車帶狗旅行應注意什麼？

　　帶狗旅行前不要餵食，帶上裝有水的大塑膠水瓶，每
隔兩三小時將車停下，讓它喝點水，做做運動，方便方
便。

　　夏天開車帶狗外出還得準備些冰塊或冷水，因為狗比
人更怕熱，而且興奮和恐懼也會增加體溫。當它熱得受不
了時，把毛巾用冷水浸濕披在狗身上；如果車裏有空調就
省事了，空調一定要開大，車內越涼快，狗就越安靜，也
越不容易暈車；絕不要將狗單獨留在停放的車裏，因為在
太陽下，車廂幾分鐘就會變成烤箱，狗會被熱死的；即使
在陰涼下，也要保證車內有足夠的新鮮空氣，才可以讓它

呆在裏面。

狗還喜歡把腦袋伸出車窗，注意剎車時不要把它摔出去。再有就是帶狗開車一定要專心，不要因為狗的挑逗分散了注意力。

5. 主人不在家的時候，怎樣幫狗打發時間？

狗是群居動物，喜歡大家在一起熱熱鬧鬧，那麼主人去上班時，它就得形影孤單地度過漫漫長日了，它可能會因此而變得消沉，最終它只能很不情願地自個兒待著。

有些狗在孤獨時會有異常表現，比如狂躁不安，故意毀壞主人的東西，甚至隨地大小便。對於這種有異常行為的狗，就有必要進行一番調教了。

開始的一段時間裏，你要有目的地讓狗獨自呆在家裏，但每次時間不要太長，一般 15 分鐘。離家之前，你可以給狗一個玩具，這也許能夠幫它度過一些寂寞時光。當然，如果有另一條狗陪著它就更好了，或者貓也湊合，如果它們不打架。當狗適應了獨處，並且沒有不良行為後，就可以逐漸延長它獨自在家的時間。

必須注意的是，對狗的獨處訓練應該循序漸進，讓它逐步適應長時間獨處。

6. 帶狗去游泳

狗有游泳的本能，但不經過訓練它往往是不習慣下水的。

把狗領到水較淺的河邊、海濱，帶它在水邊散散步，然後拋

出木棒、皮球等逗引它下水去
銜。如果狗有下水的意思了，
你就一邊鼓勵它，一邊帶頭走
下去，並讓它把皮球銜取上
岸，然後給予獎勵；假如它表
現出膽怯不敢下水，你就一邊
往它身上灑水，一邊把它抱進
水裏。儘量不要用牽引帶拖狗
下水，如果它無論如何都不肯下水，那可能是水流太急
了。

當水深得可以使狗漂浮起來時，主人應立即發出
「游」的口令，這時它可能會慌張得亂撲騰，你就用左手
托住它的腹部，右手托它的脖子下邊幫它游起來，狗的本
能很快就會發揮出來。以後逐漸增加游泳的距離，命令狗
銜取水面上的漂浮物，或游到對岸去。

如果狗發生了溺水的意外情況，立即把它拖到岸邊，
抓住兩條後腿，大頭朝下使水能夠從嘴和鼻孔裏流出來。
然後跪在狗旁邊，用手按壓它的胸部，有必要的話就做人
工呼吸吧。

游泳訓練應注意以下幾點：

（1）不要把狗拋入水中強迫它游泳，也不要帶它到急
流或水草多的水域游泳，以免發生意外。

（2）每次游泳後，用毛巾幫它把皮毛擦乾，再讓它跑
一會，使身體暖和起來。

游泳訓練前，應對它進行身體檢查，只有身體機能好
的狗，才能參加游泳訓練。

第三章　風度和禮儀

當狗走出寒冷的荒原，與人類分享家的舒適時，就有必要讓它遵循人的生活準則。如果一條狗表現得溫順而有紳士風度，它的主人也一定是受人尊敬的。

1. 怎樣讓狗對客人禮貌些？

一般來說，狗對主人家的來客是抱以友善態度的，但是它並不完全相信這些人。當一條狗警惕地注視著來訪的客人時，主人要提醒客人不要理它，更不能用眼睛瞪著狗，那樣狗會認為客人是在向它挑釁；主人還應提醒客人先不要亂動室內的物品，以免被狗誤會成入侵者。當主人和客人親熱交談了一段時間後，狗便會知道客人是主人的朋友。如果這時把狗關起來，它會非常氣憤，不過給它些吃的，也就怒氣全消了。

有些狗喜歡追著客人聞，這一好奇的舉動常常令膽小的客人驚慌不已。這時主人可以給狗一個玩具，以分散它的注意力。

為了使來客與自己的狗建立友好關係，主人可在客人來訪時好言安慰狗一下，並讓客人給它餵些食物。

當狗把對它特別友好、經常與它遊戲的客人當作朋友時，你不要擔心它與外人的這種親密關係；當你需要保護

時,它仍舊會顯現出令人畏懼的面孔,勇敢地採取行動的。對於不懷好意的人,狗一眼就能識別。

2. 有教養的狗應該是什麼樣子?

在它還是幼仔的時候,就學會了它所在群體的生存規則,它的媽媽也會告訴它怎樣做狗。進入到人類社會就必須讓它明白,與人生活在一起應該是這樣的:

在主人與別人談話的時候,狗應當安靜地趴在那等待,直至談話結束。而不是在客廳裏上竄下跳,甚至試圖拉著主人離開。

進出大門時狗應該等待主人先行,而不是一開門它就竄了出去。

在碰到別的狗的時候,你的狗應當可以與它們友好而平靜地相處,而不是表現出強烈的攻擊慾望或者是畏縮情緒。

帶狗上街時,它應該從容鎮定,對周圍陌生的環境懷著好奇心,而不是向陌生人呲牙咧嘴;在主人的同意下,樂於接受別人的撫愛。

3. 狗的控制欲表現在哪些方面？

狗在野生狀態下是群居動物，每個群體中都有等級關係，而頭領在群體中享有特權。

家庭生活中的狗在主人的寵愛下，被賦予了很多特權，於是它就認為它的地位應該是最高的，甚至超過了主人，它要控制一切，這是相當危險的，因為控制欲強的狗具有人類所缺乏的武器——尖利的爪子和牙齒。

狗的控制欲表現在以下幾方面：

（1）佔據沙發或房子的一個角落，不讓別人靠近，甚至有的狗把主人的床據為己有。

（2）搶先進出大門，並走在主人的前面。

（3）盯著人的眼睛乞求食物，或用嘴拉扯主人的衣服。

（4）不允許主人撫摸或梳理皮毛。

（5）不服從命令，如果不給它拴上牽引帶，需要幾次命令才能將其召回，或者根本叫不回來。

（6）把玩具看成自己的財產，嘴裏銜住東西拒絕放棄。

當你面對以上情況時，不要失望，可以由重塑狗的行為，降低它的控制欲：

（1）讓狗明白所有的領地都是主人的，

實在不行就把它關禁閉。

（2）每天在狗被放出來之前，叫它坐下等待，並用牽引帶拴好，然後開大門。出去時如果它先走出門，就把它關在外面，主人拉著牽引帶的一端留在裏面，同時下命令「等著」，一會兒再出去，狗很快就會明白進出門時它應該跟在後面。

（3）對於它熱切的目光可以置之不理，等它不再乞求了再給予食物。

（4）可先訓練狗坐下或趴著，這樣它就會表現得乖順一點。

（5）用牽引帶訓練狗召之即來。

（6）確定玩具是主人的，並且由主人保管。

4. 帶狗上街應注意什麼？

帶狗上街，要讓它保持平穩的心態，在人多的公共場合，主人要拉緊牽引帶，不允許它湊到陌生人跟前嗅聞，以免驚嚇了小孩或怕狗的人。路上碰到別的狗，只管拉著它向前走，不要使它們產生敵對情緒而毆鬥。

作為狗的監護人，我們有責任像教導自己的孩子一樣，告訴它在人行道上行走，不要在大街上飛跑。當汽車開過來時，教它坐下等待。橫過馬路時，要由主人用牽引帶引領。至於交通規則，就不必讓狗學習了。

主人不能帶狗到未經許可進入的地方，並且須對狗所造成的人身傷害和物品的損害負責；保持狗的衛生，帶著鏟子和塑膠袋等，及時清理狗的糞便。

5.帶狗散步怎樣規範它的走路姿態？

帶狗外出散步時，最基本的姿態應該是狗走在主人的左側，它的肩膀靠著主人的左腿，並形成直角，它的爪應與主人的腳平行。狗應時刻注意主人的動向，當主人停下時，狗也應坐下。

如果它走起路來橫衝直撞，那麼你不僅沒有面子，散步也就不那麼輕鬆愉快了。一種情況是當狗被牽引著向前走時，喜歡拉緊牽引帶，像螃蟹一樣向前橫行，也就是被牽引著的腿用力朝離開主人的方向拉，頭向另一邊扭著，這是狗控制欲的一個典型表現。對這樣的狗要縮短牽引帶，結合隨行動作的訓練糾正它的壞習慣。

還有一種情況是狗拖著步子，橫著走在主人後面，還常常退縮，或在地上打滾耍賴，這是它膽小懦弱的表現。

對這樣的狗，首先要帶它到僻靜之處訓練，讓它熟悉周圍的環境，鬆弛一下緊張情緒，然後利用狗喜歡玩球的特點，在地上向前滾動一個皮球，逗引它

積極地奔跑出去，同時鼓勵它說「好」。

6. 為什麼不能讓狗與主人同桌吃飯？

有的主人喜歡讓自己的狗同桌吃飯，這不僅不衛生，會傳染一些比如狂犬病、犬傳染性肝炎、布氏桿菌病和鉤端螺旋體病等人狗共患病，而且還會影響到家人或朋友的情緒。即使你的狗很乖，並且也乾淨，同桌吃飯也是有失主人身份的。

另外，狗食的營養結構與人的食物不太相同，經常給狗吃殘羹剩飯不利於它的健康。或者讓它對餐桌上的食物挑挑揀揀，會使得它更加任性，以後不好管教。

當狗在人吃飯時靠近桌子，就要命令它「走開」，或者敲打它靠近桌子的鼻頭來制止其行為。通常，主人應在吃飯前先將狗餵飽。

7. 怎樣使兩隻狗在一起融洽地進食？

大多數狗在與同類一起吃飯的時候，都會偷看並且搶奪其他狗的食物，即使是平時在一起玩得很好的兩條狗，在吃飯時也可能發生爭搶。這是狗從它們的祖先那裏繼承的習性，在遠古時期，野生狗奉行的是弱肉強食的規則，強壯的狗

往往會侵佔食物，弱小的只能挨餓。

這種事當然不應該在人類家庭養的狗中發生，對它們來說，互相尊重是必要的禮貌。首先，給每條狗相同的食物，吃飯時不准來回走動；如果有哪隻狗膽敢搶奪食物，就用手指著它的鼻子大聲地斥責，讓它知道這樣做是錯誤的，並且命令它回到自己的飯碗邊。

當然嚕，要想從根本上解決問題，還是要保證每隻狗都有足夠的食物，這樣就不會出現因饑餓而爭搶的局面了。

8. 兩隻狗打起來了，怎麼辦？

帶狗散步的時候，常常碰到兩隻狗相遇的情況，它們先碰碰鼻尖打招呼，然後繞到身後嗅聞對方的氣味。如果是異性便相安無事，反之就要互相怒目而視了，直至毆鬥起來。

其實，狗與同類隨便爭鬥，說明它們眼睛裏沒有主人，狂妄自大。這樣的狗必須嚴格管教，在雙方打起來之前就下「不行」的命令，用牽引帶將它拉回，使它繼續趕路。乖順一些的狗就跟著主人走了，雖然它會不停地回頭觀望。假如對方不識趣地尾隨於後，主人就要幫忙趕走那隻狗，命令自己的狗吠叫助威，但不要慫恿它們打架。

騎自行車帶狗出去散步時，轉動的車輪會引起路邊其他狗的興趣，它以為你們是在逃跑而去追趕。這時你千萬不要停下，而是催促你的狗「快走」或「跟上來」，追逐者見你們已逃出它的勢力範圍，也就不再追了。

若是自家的兩隻狗為了爭寵而毆鬥，主人不要同情弱

者而懲罰兇猛霸道的一隻，因為狗的群體中本來就有等級制度，弱者接受服從的角色是它的本能。應給處於領導階層的狗以支援和特權，使等級關係明明白白，避免它們的明爭暗鬥。碰到大型狗互相撕咬，打得不可開交時，主人不要慌亂，端起一桶水潑向正在啃咬對方的狗。若不行就抓起狗的後腿提起，使它們分開。

9. 怎樣使貓狗和平相處？

大家都認為「貓狗是天生的冤家」。生活中我們常看到貓狗相遇的情形是這樣的：貓是弓起它的細腰，皮毛直立，而狗對貓是憤怒狂吠。其實，它們之間並沒有敵我矛盾，只是因為狗與貓表達情緒的方式不同，而沒法互相交流，狗伸出爪子表示友好，貓卻認為是在挑釁。

狗生性喜歡追趕弱小動物，如果貓一看見狗就驚慌失

措地逃竄，那麼狗把它當作獵物追趕也是天經地義的事。狗一旦養成這種習慣，就會覺得欺負小貓很好玩。

想讓貓狗和睦相處，在小時候就介紹它們互相認識，熟悉彼此的氣味，如果貓跑開了，就要看住小狗，告訴它對貓客氣點。

可別對它們有太高的期望，因為狗與貓從天性上講不可能成為朋友，它們能在一個屋簷下和平共處就謝天謝地了。

10. 怎樣對待狗的過分親熱舉動？

當你每天下班回到家裏時，你的狗就會熱情地跳起來撲向你的懷抱，並不住的舔你的臉，這表達了它見到主人時抑制不住的興奮心情。這種親熱舉動有時也會使我們高興，但這種打招呼的方式並不適合我們人類，尤其是當它的爪子很髒的時候，體型大的狗還可能會把弱小的主人撲到在地。

　　這種行為通常是狗在幼小時為了引起主人的注意而養成的習慣，也可能是過於自信或控制欲的表現。

　　對於狗的這種熱情，主人最好不要理睬，或轉身背對著它，讓它明白與人打招呼不需要撲上來。等它的心情稍微平靜一些了，再溫柔地拍拍它，表示關愛。如果你把它推開，或用膝蓋頂它，甚至說「不」，都會滋長這種壞習慣。因為任何注意它的行動，都會使它興奮不已，它在平靜下來之前是不會老實的。

　　也可以用分散注意力的辦法，來糾正它的行為。在狗跳起來之前，及時向它發出「趴下」或「坐下」的命令。當狗乖乖地坐下時，你就彎下腰獎勵它，或給它一個玩具改變它的行動，這時你不能豎直站在狗面前，那樣會刺激它再次跳起來撲向你。這個辦法適用於比較聽話的狗。

　　對於不聽話的狗，可用牽引帶控制訓練，當它跳起來時拉住它，防止它熱情地撲向你的客人。

第四章　基本服從訓練

　　主人與自己的愛犬建立親密關係，是服從訓練能否順利進行的關鍵。訓練初期要使狗建立對口令的條件反射，由簡入繁，當它取得了哪怕微不足道的一點進步時，都應給予表揚和鼓勵。

馴狗的基本方法是什麼？

　　（1）誘導法：就是訓練人用食物、玩具等物品引誘狗做出某種動作，並形成條件反射的一種手段，這種方法適用於幼狗或第一次接受訓練的狗。比如，訓練狗站立起來時，可手拿食物停在它的頭頂上方，讓它看到卻吃不到，它一著急自然就直立起來了，讓它保持一會，才將食物獎勵給它吃。如此反覆幾次，狗就建立了對「站立」口令的條件反射。這種方法的缺點是狗對動作學得不很牢固，容易忘記，不能保證在任何情況下，它都能準確地做出動作。

　　（2）機械刺激法：就是由按壓狗的身體、拉緊牽引帶等外力迫使它做出某個動作。比如，命令狗「坐下」的同時，用手按壓一下它的後腰部，迫使它坐下。使用此法應注意用力不能過大，否則會使它神經緊張，失去了對主人的信任。另外，強迫狗做出正確的動作後，就要立即給予愛撫或食物獎勵，以緩解一下它的緊張情緒。

　　（3）口令法：口令一般是與手勢相結合運用的，口令

可分為三種：用比較嚴肅的語氣下命令；用威脅的音調制止狗的不良行為；用溫和的語調說「好」來表揚狗。手勢要與平常的習慣動作區分開來，並結合口令運用。

1.「來」的訓練（圖 B-4-1～圖 B-4-3）

當你招呼愛犬過來時，它是否對你不理？不要生氣，只要稍加訓練，它就會招之即來。

把一塊香腸拿在手裏逗引，並用溫和的聲音呼喚它的名字，狗很快就會湊過來，這時你可以把食物獎勵給它。但不要每次訓練都給狗香腸吃，它會把「來」和「吃」聯繫在一起。你可以跟狗玩幾次「空手道」，當它來到面前時，溫柔地摸摸它的頭就會使它興奮不已。

圖 B-4-1

與狗一起玩耍時，利用它每次跑向你的機會，叫它的名字，並說「來」，如果狗搖頭擺尾地做出了反應，就撫摸獎勵它，讓它認識到「跑

圖 B-4-2

圖 B-4-3

圖 B-4-4

圖 B-4-5

向你是件愉快的事」。

　　每次給狗餵食也要發出「來」的口令，然後再把食物給它。注意，口令「來」的音調不要過強或很弱，因為假如狗距離你很近時，很大的聲音會使它害怕；當你們的距離遠時，太微弱的口令則不能引起它的注意。

　　不要在狗睡覺時或不想靠近你的時候，叫它過來，這種情況狗大多會違背你的命令。當狗做錯了事，有點慚愧地走向你的時候，不要責罰它，否則你會發現它沒有任何反應。

　　訓練服從性差的狗，可先用牽引帶把它拴起來，當它聽到口令不能過來時，輕拉牽引帶強迫它過來，然後可以給些食物或撫摸，緩和一下狗的情緒。注意

不要太用力拉扯牽引帶，否則弄痛了狗的脖子，它就會產生不愉快的情緒。

圖B-4-6

為了進一步鞏固狗對主人呼叫它過來的反應，可在它正在享用美味的時候，叫它「過來」，它一定不肯丟下美味過來，那就用牽引帶把它拉到你身邊。這時，狗一定會暴跳如雷，你就得安慰撫摸它並和它做遊戲，讓它忘記美味（圖 B-4-4～圖 B-4-6）。

2. 坐的訓練（如圖 B-4-7～圖 B-4-14）

坐下是對狗的基本控制訓練。訓練幼狗，可以在平常抓住它自己坐下的機會，及時發出「坐」的口令，使它以為是聽了口令才坐下的，然後就表揚和獎勵它。

訓練狗正面對著主人坐，呼喚狗名並把它牽引到面前來，一邊發出「坐」的口令，一邊用右手拿出食物逗引，狗想吃食物就會抬起頭直起腰，它的屁股自然就坐在地上，與此同時，你可以用左手向上提一下狗的項圈，給它一些外力的作用。正確的坐姿應該是狗的鼻子朝上，對著你的臉，腳尖對著你的腳，尾巴水平地放在後面。

同樣，訓練狗側面坐下是用食物引導狗轉到你的左側，同時發出「坐」或「坐下」的口令。當狗轉到你的左側時，把食物抬高，這樣它要吃到食物就得抬起身體，你

圖 B-4-7

圖 B-4-8

圖 B-4-9

圖 B-4-10

圖 B-4-11

圖 B-4-12

圖 B-4-13

圖 B-4-14

再輕提一下它的脖圈，它也就坐下了，然後你將食物獎勵給它，並撫摸著使其放鬆。狗坐下的正確姿勢是兩腳整齊地放在身下，腳尖應與你的腳背水平，兩前腿跟你的腿一樣直，注意不能讓它斜靠在你的腿上。

一旦狗能舒服地坐下了，就鼓勵它「等待」，把坐的姿勢保持一小會。以後逐漸增加坐的時間，每延長一點時間，都應該獎勵狗。

這個訓練容易發生的錯誤是不注意糾正狗坐下的不正確姿勢，使它形成不良習慣。

3. 等待的訓練（如圖 B-4-15 ~ 圖 B-4-17）

當狗能在任何時間和狀態下，聽了你的口令就迅速而準確地坐下，就可以訓練它保持「坐姿」了。

讓狗在你對面坐好後，發出口令「別動」，手拿牽引帶的末端慢慢後退一步，如果它坐得很穩，你就回到它身邊獎勵一塊香腸，但仍然命令它坐著別動；你繼續向側面挪動一步，如果狗跟著動了，立即嚴厲地命令它「坐」。如此反覆，用牽引帶控制著狗，逐漸地在它的前後左右走動，以至於增加你們之間的距離，確保它不會改變坐姿。練習的時間要短一些，時間長了，狗坐不住，訓練效果就很難保證了。

然後把牽引繩放在狗面前的地上，命令它「別動」，向後退兩步，如果它跟著動了，你就回到它身邊，重新命令「坐下」。以後，逐漸延長狗等待的時間和你離開它的距離，直到你消失在它的視線外，它仍然「穩坐釣魚臺」，就回來獎勵它。你可不要因為圖省事，而呼喚狗過

圖 B-4-15

圖 B-4-16

來你那裏接受獎勵。

　　當狗具備以上能力後，就可以帶它去人多有干擾的地方訓練了。剛開始還是要用牽引帶控制，當狗受到外界刺激而不服從命令時，就要獎勵和強迫的手段並用，使它集中注意力在訓練上。這樣訓練出來的狗，你可以帶它到任何地方，尤其是當你到商店買東西時，狗就會耐心地守候在門口。

圖 B-4-17

4. 趴下的訓練（如圖 B-4-18 ~ 圖 B-4-25）

讓狗學會趴下，可以使它更清楚地意識到自己的服從地位，還可以緩解它即將做出的錯誤決定。趴下訓練通常是在狗學會了坐下的動作之後開始的。

命令狗坐下，你半蹲在它的旁邊，發出「趴下」的口令，一邊撫摸著使它放鬆下來，一邊手拿食物在你彎著的

圖 B-4-18

圖 B-4-19

圖 B-4-20

圖 B-4-21

圖 B-4-22

圖 B-4-23

圖 B-4-24

圖 B-4-25

腿下方引誘，狗想吃就得低下頭鑽過你的腿，這樣它的身體自然就趴下了，你就馬上給予食物獎勵；也可以一邊用食物在狗嘴的前下方引誘，一邊用手向下輕拉牽引帶，促

使狗趴下。

當狗試圖站起來時，你就用嚴肅的口氣再次命令它「趴下」，同時用手按住它的肩胛，不准站起來。讓它保持15秒鐘後，就可以起來放鬆一下，並給些食物獎勵。

正確的臥姿應該是狗的身體後部平穩地落在兩後腳上，兩前腳向前伸出，頭稍微抬起。

反覆練習，直到狗對「趴下」的命令建立條件反射，就可逐漸減少食物和外力的引誘，用口令命令狗趴下，並進一步延長其趴下的時間。具體做法是這樣的，先命令狗趴在自己面前，然後你一邊與它拉開距離，一邊重複著「趴下」的命令。觀察它的一舉一動，如果它的臥姿沒有改變，並保持很長時間，就回來給予食物獎勵；如果它敢動一動，你就馬上用嚴厲的聲音命令「趴下」，當狗重新趴下時，就走過去獎勵它，直到它能遠距離聽口令趴下，並保持臥姿5分鐘以上。

這一訓練對狗來說意義很大，當它奔跑著即將撞上行使的汽車時，主人可及時發出「趴下」的命令，避免就要發生的危險。

5. 匍匐前進的訓練
（如圖 B-4-26、圖 B-4-27 ）

這是在狗對「趴下」的口令形成條件反射後，進一步的訓練。

命令狗趴下，訓練人右手拿食物給狗聞一下，同時發出「匍匐」的口令。為了防止狗站起來，訓練人應將左手放在狗的肩胛上，而拿食物的右手向著狗的前下方移動，

這時狗就會向著食物匍匐，訓練人立即說「好」來表揚它，並把食物再向前移動，當狗匍匐 1 公尺左右時，才能允許它將食物吃掉。

圖 B-4-26

注意：匍匐訓練體力消耗較大，因此，剛開始的訓練距離不要太大，一般不超過 1 公尺，且不應連續訓練。

為了讓狗匍匐得更遠一些，可將食物放在距離它 2～3 公尺遠的正前方，然後回到狗的旁邊蹲下，命令它趴下，同時用

圖 B-4-27

手輕輕按住狗的肩胛以防它站立，也可柔和地將它向前推進。當狗接近食物時，訓練人要拾起地上的食物，遞給它吃，同時撫摸獎勵它。

隨著狗匍匐能力的形成，訓練人就要走到它的對面 2～3 公尺遠的地方，命令狗匍匐著過來，然後予以獎勵。

6. 隨行訓練（如圖 B-4-28 ~ 圖 B-4-32）

　　這一訓練是培養狗在走路時靠近主人左側並排前行，並與主人保持步調一致的能力。帶狗進行隨行練習前，你要先把自己的動作和走路姿態明確，身體各部分協調一致，然後才能讓狗與你一起嘗試跟腳練習。

　　訓練時先給狗拴上牽引帶，左手握住牽引帶距項圈 30 公分處，多餘的帶子用右手牽住。命令它坐在主人的左腿旁，呼喚狗名引起注意，緊接著發出「走」的口令，同時用左手猛拉一下牽引帶開步走。剛開始，狗還沒有習慣隨行，總是超前或落後，或偏離主人左腿，這時就發出「靠」的口令糾正它，同時輕拉牽引帶使狗走在正確位

圖 B-4-28

圖 B-4-29

圖 B-4-30

圖 B-4-31

置,隨時表揚和鼓勵它。訓練
中,要使牽引帶始終保持鬆弛
的狀態,這樣當狗處於不正確
位置時,調整牽引帶才會有作
用。

　　然後逐漸放長牽引帶,當
狗偏離主人時,發出「靠」的
口令,再配合食物的引誘,使
狗緊跟在你的側面。幾次訓練
後,當狗做到不用牽引帶的力
度就能聽口令靠上來時,就可
以嘗試著讓狗跟著你快步走或

圖 B-4-32

慢跑，訓練它在變換步調時的隨行能力。

只有當狗能準確地跟上你的步調時，才能進行轉彎練習，轉彎時先發出「靠」的口令提醒狗注意，然後拉一下牽引帶就可以了，注意不要踩到狗的腳趾頭。

訓練中要注意口令、手勢和牽引帶的配合使用，如果只重複著口令，而不配合牽引帶的力度，就不足以引起狗的注意。另外，拉扯牽引帶時，不要用力過猛，使狗產生反感情緒。

7. 禁止的訓練

禁止的訓練是使狗聽從主人「不行」的口令，立即停止一切不良行為。訓練的手段有突然拉緊牽引帶，輕打狗的鼻子等，態度要嚴厲果斷。訓練應在主人與狗已經建立親密關係的基礎上進行，否則會使它對主人產生不信任的心理。

（1）故意給狗製造一些犯錯誤的機會，比如，用牽引帶牽著它走向小動物——雞、鴨或小貓，邊走邊觀察狗的

動向，當它試圖撲向小動物時，就用嚴厲的聲音發出「不行」的口令，同時猛拉牽引帶，立即制止它的行動。

（2）命令它「坐下」，以分散注意力，使它平靜下來。

（3）每次訓練都

要有一定的間隔時間，讓狗從被抑制的狀態中恢復，一般需要 15 分鐘左右。

經過 3～5 次訓練後，狗就能形成對禁止的條件反射，當它聽口令停止不良行為時，立即說「好」來表揚它。

然後把狗帶到車輛行人多的繁華場所，做進一步的鞏固訓練。

（1）放鬆牽引帶，讓它自由活動，但要密切注意它的行為。

（2）一旦發現它有「不軌」行為，立即發出命令「不行」，並拉緊牽引帶。

（3）當狗無論在何種狀態下，聽到主人「不」的口令，立即毫不遲疑地停止一切行為，就通過了禁止的訓練。

8. 接受檢查的訓練

當我們給狗做檢查或洗澡時，可能需要它趴在桌子上或高一些的平臺上，這也是一項比較重要的服從訓練。

你可以一邊把小狗抱到桌子上，一邊下命令「上來」，當它習慣了趴在桌子上以後，就可以訓練它自己跳到桌子或平臺上，如果能在桌子旁放一個凳子之類的過渡物就更好了；如果小狗不願意，你可先爬到桌子上，跪下來招呼它到你那去。當你從桌子上下來時，讓小狗呆在那別動，逐漸增加它在桌子上等待的時間，這有助於以後為他洗澡或做檢查的順利進行。

如果有必要還可以用食物引誘的方法，訓練小狗從桌子上「下來」，當它的腳一落地，你就把食物獎勵給它。注意，不要讓小狗直接從桌子上跳下來，以免摔傷。

9. 前進的訓練（如圖 B-4-33、圖 B-4-34）

訓練狗聽到主人「前進」的口令，向著手指的方向前進 30 公尺。前進的訓練可用來讓狗自己穿過走廊，過壕溝、小溪以及經過木板走上汽車。

圖 B-4-33

找個清靜環境讓狗坐下，主人向前走出 10 公尺左右，假裝放下一個物品再返回。然後用手提起它的脖圈，發出口令「前進」，右手向前平伸，手掌向裏指向前方。當狗跑到指定地點時，命令它坐下，主人也要跑到狗的面前獎勵它。以後逐漸延長這個距離，並取消假裝送物品的動作，使狗聽口令順著手指的方向前進。

圖 B-4-34

也可以選擇有利地形訓練，比如在長長的走廊一端，發出「前進」的口令，順勢將狗向前推一下。當狗走了幾步就要停時，應及時督促它「去」，前進 10 公尺左右才命令它坐下

接受獎勵,並逐漸延長距離,使狗聽口令就直奔前方。但不能讓狗跑得無影無蹤,還要讓它知道「停」。

帶狗去郊遊的時候,利用小橋對狗進行前進的訓練。把狗牽到橋的一端坐下,拿出它平時喜歡吃的食物給它聞一下,然後拋到橋的另一端,接著下令「前進」,這時狗就會急忙向食物奔去,主人要放鬆牽引帶,跟著它過橋。過了橋,主人應該搶在狗的前面把食物撿起,用手餵給它,不能讓它養成撿食地上東西的習慣。膽大的狗經過幾次訓練後,聽到「前進」口令,就可以自己跑過橋去了。

這個訓練容易發生的錯誤是當狗走到假送物品旁時,主人沒有及時命令它坐下,而使它四處亂轉,產生錯覺。

10. 返回原地的訓練

這種能力也是狗日常生活中所必備的。

先讓狗坐下,在它面前放一樣東西,比如衣服或牽引帶,以此作為狗返回原地的標記。然後主人離開它 5～6 公尺遠,發出「來」的口令,把它招呼過來並獎勵。稍微停留一下,再下達「回去」的口令,並牽狗走回原地。把它帶回原地後,立即命令「坐下」,如果狗乖乖地坐在了標記物旁邊,就獎勵它。

當狗建立了「回去」的條件反射後,就可以把它返

回原地的距離拉長一些，並去掉牽引帶，讓它聽口令迅速返回原地坐下。

這個訓練有可能失敗的原因，一是選用了狗不熟悉的物品做標記物，沒有引起它的注意，或者用了它感興趣的物品做標記物，難以使它安靜地聽從命令；二是狗在原地停留的時間短了些，卻在主人身邊時間長，而難以返回原地。

11. 回窩的訓練（如圖 B-4-35、圖 B-4-36）

狗很喜歡和主人在一起呆著，它會安靜地臥在主人的腳邊，可是當主人上床休息時，它就得乖乖地回到自己的地方。或者當家中有客人來訪時，命令狗回窩也是很有必要的。

對於小狗可將它抱到準備好的臥處，一手按住它的身體，一手拍拍它的屁股，命令「進窩」。等小狗進去了就拍拍它的頭，說「很好」表揚它；如果小狗執意不肯進窩，就在它的窩裏放些乾的狗糧，讓它形成回窩就有食物吃的印象。

等小狗可以自己進出住處了，就可以訓練它在裏面呆上 20 分鐘。開始的時候，它可能不喜歡獨自呆在窩裏，又

咬又踹的想請你放它出來，你只要裝作沒看見，一會它就老實了。如果小狗仍然很激動，就嚴厲地命令它「安靜」。

不要因為小狗看上去很可憐，就使訓練鬆懈下來。用不了多久它就會習慣的，當它覺得窩是個可以安心睡覺的地方時，就能很自覺地進去了。

圖B-4-35

圖B-4-36

第五章　敏捷訓練

1. 上下樓梯

住樓房的人每天帶狗出去散步時要上下樓梯，這倒是寵物狗鍛鍊身體的好機會，但對於小型狗來說還真有點費勁。

訓練小狗上樓梯時，可以把狗糧放在樓梯的每一級臺階上引誘它上來，並不斷地發出「上」的命令，等它上來後撫摸並表揚說「好」；也可用牽引帶拉著小狗上來，在上樓梯的過程中，不斷地發出「上」和「好」的口令，但要注意避免樓梯的坎磕著小狗的身體，使它產生痛苦的回憶，以後就懼怕上樓梯了。

對於堅決不上樓梯的小狗，可將一塊長木板放在樓梯上，形成一個有利於它攀爬的斜坡，然後命令「上」，當它走上樓梯的平臺時，給予食物或撫摸獎勵。逐漸去掉木板，鼓勵小狗一級接著一級的攀爬樓梯。

然後，你可以站在樓梯的最下面，發出「下」的口令，如果小狗在上面徘徊，可提高聲音發出「來」的口令，並假裝要走，它一著急就下來了，這時就要表揚或獎勵小狗。

2. 跳越障礙物（如圖 B-5-1～圖 B-5-4）

　　如果要訓練狗跳過圍牆或柵欄的能力，用於訓練的障礙物要由低到高，根據狗的體型大小，障礙物的高度一般是 30～100 公分。

　　選擇一個沒有碎石或尖銳物的場地，將障礙物平穩地放在地上，主人牽著狗一起跑過去，接近障礙物時發出「跳」的口令，並向上提一下牽引帶，引導狗一起跳過去，然後撫拍表揚狗；如果狗拒絕跳躍，要查找原因，降低一下高度。對於愛叼東西的狗，可用它喜歡的物品逗引，當著它的面將物品拋到障礙物另一面，它一定會急著翻過障礙物銜取那個物品。在狗跳躍的瞬間發出「跳」的

圖 B-5-1

圖 B-5-2

圖 B-5-3

圖 B-5-4

口令，等它翻過去銜了物品就說「好」來表揚它。

　　隨著狗跳躍能力的加強，障礙物的高度也要逐漸增加，主人跳不過去，就讓狗獨自完成翻越，但主人得與狗一起衝到障礙物前，下達「跳」的口令，讓狗自己跳過去。或者主人拉長牽引帶，站在障礙物的另一面呼喚狗「過來」，同時牽拉一下繩子，決不能讓它繞過障礙物。當狗順利地跳過障礙物時，就立即給予表揚和獎勵。

　　在以後的訓練中，主人就不用陪著狗一起跑向障礙物了，只需用手勢或命令就可指揮它完成翻越障礙的動作。

3. 過天橋（如圖 B-5-5 ~ 圖 B-5-11）

　　這是訓練狗根據主人的指揮，攀登到階梯上邊然後走

過天橋等障礙物的能力。

訓練原則同跳越障礙物基本相同，也是由低向高發展，一般從 1 公尺開始練習，最終可以達到 2 公尺。身體靈巧的主人可牽著狗一起登上幾級階梯，再發出「上」的口令，然後用手托住狗的臀部或後腰，幫助它攀上幾級階梯，同時鼓勵狗說「好」。當狗登上階梯平臺上時，就給予撫摸或食物獎勵，然後慢慢牽著它走下去。經過幾次訓練，當狗能不費吹灰之力登上階梯了，你就可以離開階梯一段距離，只用手勢或口令指揮它過天橋。

如果狗拒絕攀登障礙，可用食物引誘的方法，當著它的面將食物放在階梯的頂端，對食物反應強烈的狗就會不顧一切地衝上去，這時你發出「上」的口令，經幾次訓練，狗就可形成過天橋的條件反射。

如果狗不慎從階梯高處跌落下來，可透過撫摸使它緊張的情緒鬆弛一下，然後將階梯障礙降低一些，使它恢復自信，再重新攀登。

訓練中應該注意的是，你在以手托狗的臀部時不能用力過猛，否則就會影響它的協調性，甚至使它失去平衡從高處跌落下來。另外，在同一訓練時間內，練習次數不能過多，但每次都要以順利通過天橋結束。

圖 B-5-5

圖 B-5-6

圖 B-5-7

圖 B-5-8

圖 B-5-9

圖 B-5-10

圖 B-5-11

4. 跳　圈（如圖 B-5-12 ~ 圖 B-5-17）

這一訓練是在狗具備了跳越障礙物的能力基礎上進行的。

圓圈直徑一般為 1 公尺左右，可以用汽車輪胎做，先把圓圈豎直放在地面上，訓練人手拿這條狗喜歡的球，逗引它鑽過圓圈；然後把圓圈提升到半公尺的高度，同樣用球引它跳過去；最後把圓圈固定到高矮適中的架子上，命令狗坐在圓圈正前方 10 公尺處，訓練人發出「前進」的口令，並隨它一起跑向圓圈。當狗接近架子時，發出「跳」的口令。

碰到狗不肯跳過去的情況，可以用牽引帶引導，先命

圖 B-5-12

圖 B-5-13

圖 B-5-14

圖 B-5-15

圖 B-5-16

圖 B-5-17

令狗在圓圈前坐下，然後訓練人繞到圈的背面，將牽引帶的一頭通過圓圈拿在手裏，呼喚狗「過來」，同時拉一下牽引帶，當狗鑽過了圓圈時，及時撫摸獎勵。

另外，可將訓練狗跳躍障礙時用的柵欄放在圓圈的前面，讓它在跳躍柵欄的同時鑽過圓圈，練習幾次後就可去掉柵欄，讓狗單獨完成跳圈的動作。

注意，圓圈要根據狗的身材設置大小和高低，太高或太小都可能影響訓練效果。

5. 繞樁子（如圖 B-5-18 ~ 圖 B-5-23）

這是在狗興奮的時候進行的訓練，經過此項訓練能提高其平衡和靈敏的能力。除了利用人工製作的器械外，也

圖 B-5-18

圖 B-5-19

圖 B-5-20

圖 B-5-21

圖 B-5-22

圖 B-5-23

可選擇小樹林裏幾顆排列整齊的小樹進行訓練。

在平坦的地面上每隔半公尺立一根木樁,一般可排 6 根。訓練初期,訓練人要用牽引帶控制著狗,並且身體力行,陪同它一起繞過木樁,也可以用球等玩具挑逗起狗的興奮性。先給它聞一下訓練用球,然後牽著狗一起跑向木樁,用球引導它繞過每一根木樁。最後把球扔出去,狗會幫你把它追回來。

當狗能夠獨自完成了每一個動作後,應給予熱烈的撫拍和獎勵,以增加它下次完成訓練的勇氣和信心。

這項訓練體力消耗很大,所以儘量不要連續訓練,夏季還要選擇早晚涼爽時間。

6. 跳遠(如圖 B-5-24 ~ 圖 B-5-28)

同跳躍障礙物一樣,一開始要把跳遠的距離規定在半公尺之內,訓練人一手拿著能引起狗興趣的皮球,另一手拉著牽引帶,發出「跳」的口令,同狗一起跨過器材,然後給它撫摸或食物獎勵。

隨著狗跳遠能力的增強,器材的距離要加大到 1 公尺左右,訓練人在隨著狗一起跑向器材的同時,發出「跳」的口令,然後把手裏的球向前扔出去,這時狗就會向球追過去,它的身體也就不知不覺跳過了器材。

圖 B-5-24

圖 B-5-25

圖 B-5-26

圖 B-5-27

圖 B-5-28

圖 B-5-29

| 第六章 | 玩賞動作的訓練 |

1. 握手（如圖 B-6-1 ~ 圖 B-6-3）

對任何品種的狗來說，學會握手都是很容易的。而北京獅子狗、德國牧羊犬等伴侶犬甚至不用訓練，當你伸出手去，它就知道把爪子遞出來。

訓練時，蹲在狗面前並伸出一隻手，發出「握手」的口令，當它稍稍抬起一隻前肢時，你就握住並微微抖動，同時說「很好」來鼓勵它。如果你發出口令

圖 B-6-1

圖 B-6-2

圖 B-6-3

後，狗沒有反應，就拿食物引誘它，它想吃就會伸出前爪扒你握著食物的手，抓住這個時機下「握手」的口令，並用另一隻手握住它的前爪，同時把食物獎勵給它吃。反覆幾次，狗的腦子裏就記住了「握手」這個信息。

以後，狗只要見到熟人就會主動遞上前爪與之握手。

2. 作 揖

那些小巧玲瓏的北京犬、博美犬等小型玩賞狗，很適合學習這個動作。

首先給小狗戴上項圈，發出口令「站」，同時一手用食物逗引它，一手輕輕提起它的項圈，使小狗用後腿站立起來。一旦它做好一個動作，馬上給它點吃的鼓勵。注意口令要簡短固定，多餘的話它也聽不懂。

會站了以後就可以教它作揖了，雙手抓住狗的兩前爪，合併起來上下抖動。之後與它拉開一點距離，發出「作輯」的口令，讓它獨立完成這個動作。

訓練小狗的最佳時機是當它餓了的時候，但要注意訓練時不要一次給予太多獎勵食物，一旦它吃飽了，就該不聽話了。遇到小狗耍賴偷懶時，主人就要板起面孔，敲一下它的鼻子。

聰明的狗一個星期能學會作揖。

3. 打滾（如圖 B-6-4 ~ 圖 B-6-9）

當狗學會趴下後，就可以訓練它滿地打滾了。

找一個乾淨平坦的地方，命令狗「趴下」，一手拿食物放在狗鼻子上方，另一手按住它的身體──以防狗站起

來。這時狗一定想吃食物，你的手就要慢慢移動，並發出
「滾」的口令，如果狗翻滾了一下，就把手裏的食物獎勵
給它，反覆訓練，就可以使它形成打滾的條件反射。

　　也可以當狗趴下後，一邊用手撥拉它的腰幫助翻滾，
一邊發出命令「滾」，然後獎勵它說「好」，這種方法適

圖 B-6-4

圖 B-6-5

圖B-6-6

圖 B-6-7

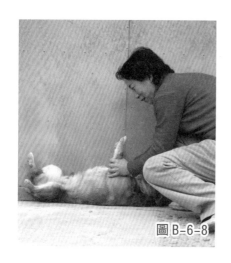

圖 B-6-8

圖 B-6-9

用於體型較小的狗。

一般先讓狗學習向右翻滾，然後再練習向左滾，不能一會左，一會右，使它左右為難。

4.跳舞（如圖 B-6-10 ~ 圖 B-6-12）

當狗具有了站立起來的能力後，就可以教它隨著音樂的節拍跳舞了。

命令狗站立，主人手拿食物逗引，狗要吃，需向前跨出一步，人就順勢後退一步，並下「跳舞」的口令，注意狗移動的步子不能太大，以免撲到你身上或摔倒。

如果狗站立的能力不是很強，你就雙手握住它的兩隻前爪，一邊發出「跳舞」的口令，一邊移動步子，使它跟著挪動，同時說「好」來鼓勵它。剛開始練習，不能對狗要求太高，當它站立不穩時就命令「休息」，這樣勞逸結合，逐步使它對「跳舞」的口令形成條件反射。

跳舞往往需要狗有轉圈的動作，訓練時可手拿食物在它頭頂的上方轉動，同時發出「轉」的口令，如果它跟著轉了一圈，就將手裏的食物獎勵給它。反覆幾次，直到不用食物誘惑，狗能聽口令做出轉圈的動作。

以後就可以一邊放音樂，一邊根據音樂的節奏用手上下抖動著，指揮狗向你移動步子，碰上它心情好的時候，還會跳躍起來，這樣跳舞的氣氛就形成了。

圖 B-6-10

圖 B-6-11

圖 B-6-12

5. 站立（如圖 B-6-13 ~ 圖 B-6-15）

站立是讓狗兩後腳著地，身體直立起來，這一項也是基本玩賞訓練，而且在為狗洗澡以及獸醫為它檢查身體的時候也很有用。

讓狗坐在你面前，把食物或玩具舉起來，用「站」的命令溫柔地鼓勵它往你身上爬，確定狗直立起來後，把獎品給它。或者手拿玩具，裝作要從它的頭頂上扔過去的樣子，它的眼睛盯著你手裏的玩具，身體就會向後仰，你要不失時機地誇獎它一下，同時把玩具扔出去，注意不要讓狗向前跳。不要太頻繁地與狗玩這個遊戲，如果它感覺到你在騙它的話，它就沒有興趣了。

圖B-6-13

圖B-6-14

如果狗拒絕站立起來，就走過去用右手溫柔地拉起它的脖圈，左手放在它的下腹部將它托起，然後撫摸獎勵它。如此反覆練習，中間要有幾分鐘休息時間。

圖 B-6-15

進一步的訓練是鞏固和提高狗的站立能力，先命令它「站」，然後手拿牽引帶離開它 2～3 步遠，不斷發出「站」的口令，如果它站在原地保持不動，就走過去表揚或獎勵；如果狗改變了站立的姿勢或試圖坐下，就立即嚴厲地重複命令「站」。以後逐漸拉大與狗的距離，並去掉牽引帶，直到你與狗相距 5 公尺的距離下，狗都能準確地保持站立姿勢 3 分鐘，訓練就成功了！

這個訓練容易發生的錯誤是：把狗從站立狀態招呼到自己面前接受獎勵，這樣就破壞了已經建立起來的條件反射。

6. 銜取物品（如圖 B-6-16 ~ 圖 B-6-21）

狗具有叼東西的天性，但我們要有意識地訓練它聽命令叼回物品，交給主人，不能半路啃吃或丟掉銜取物。

最初的訓練，是用布片或狗喜歡的玩具逗引，發出「銜」的口令，如果它能銜住，就鼓勵它說「好」，並用手把狗叼著的東西向自己拉一下，使它將銜取物咬得更牢

圖 B-6-16

圖 B-6-17

圖 B-6-18

圖 B-6-19

圖 B-6-20

圖 B-6-21

固。確定狗叼住了布片後，就發出「走」的口令，讓它跟
著主人跑出一段距離，停下後發出「吐」的口令，並用手接
下它叼著的東西，同時用另一手給狗獎勵。重複訓練 2～3
次後，就可以改換成你需要它銜取的物品進行訓練，如果狗
拒絕叼銜這個物品，就用手輕輕扒開它的嘴，把物品塞進
去，同時托住它的下頦，讓它保持一會，再命令「吐」。

　　下一步是要訓練狗為你叼回扔出去的物品。先讓它坐
好，用一個飛盤逗引起它的興奮性，讓狗跑出去把它銜回
來，再命令「吐」，並且用食物將它嘴裏銜著的東西換出
來。這一訓練要讓狗跑出去和召回來的速度一樣快。如果
它在半路就丟掉或撕咬飛盤，不能給它獎勵；或者它銜了
飛盤自己去玩耍，就要呼喚它回來，重新訓練。

當狗能夠做得很好時，就可以有目的的訓練狗為主人叼來一些物品，比如鞋或襪子。先給它聞一下銜取物，然後將其放在遠處乾淨平坦的地面上，命令狗去銜回來，如果它將這一物品叼到主人面前，就拍拍它表揚，再發出「吐」的口令，將物品接下來；如果它不給你，也不要去搶，那樣等於鼓勵它跟你爭奪。

此訓練既要嚴格，又不能使狗過於緊張，讓它在輕鬆愉快的遊戲中得到一種工作能力。

7. 銜取拋出物（如圖 B-6-22～圖 B-6-33）

大多數狗喜歡追逐空中飛著的東西，所以它一定很樂於做銜取拋出物這個遊戲。

圖 B-6-22

圖 B-6-23

圖 B-6-24

圖 B-6-25

圖 B-6-26

圖 B-6-27

圖B-6-28

圖B-6-29

圖B-6-30

訓練方法是，手拿一個狗感興趣的玩具——飛盤或皮球，給它叼一下，逗引起它的興奮性，然後拋出去，同時發出「銜」的口令。這時，狗一定會竭盡全力追趕上去，如果它能夠在跑動中跳躍起來，把半空中的飛盤銜住，就叫好表揚，並命令它叼「回來」，你在用手接下狗叼著的飛盤時，別忘了用另一隻手給它食物獎勵。

有的狗磨磨蹭蹭不肯去銜取拋出物，那麼你就拿著飛盤跑起來，逗引它追過去叼住飛盤，用不了多久它就會對這一運動著迷的。

這一訓練容易發生的錯誤是：當狗銜了物品時，你過早向它展示美味食物，使它在未聽口令的情況下，急忙跑

圖 B-6-31

圖 B-6-32

回來領賞；或者沒有使用狗專用
的飛盤，狗在叼取普通飛盤時弄
傷了自己的嘴，它就會對飛盤產
生恐懼感，從而對這一訓練失去
興趣。

圖 B-6-33

第七章 技能的訓練

不同的狗有不同的天賦，一些狗可以做做看家護院之類的簡單的工作，而有的狗學習能力很強，比如德國牧羊犬和拉布拉多犬，經過培訓可以出色地完成幫助殘疾人的工作。所以，對於那些有靈性的狗，技能訓練是十分必要的。

1. 鑒別物品（如圖 B-7-1 ~ 圖 B-7-3）

這一訓練是在狗具有了銜取物品的能力後進行的，把帶有主人氣味且容易叼取的物品作為嗅源，讓它從幾樣物品中挑出主人的。

圖 B-7-1

方法是找 3～5 件沒有異味的小物件，擺放在乾淨的地上，再把帶有主人氣味的物品作為嗅源給狗聞一下，然後當著它的面放到擺放的物品中去。命令它去把嗅源找出來，如果它能正確地挑選出嗅源，就說「好」來鼓勵一下，當狗將主人的襪子銜回時，就立即表揚或給予食物獎勵；如果它聞令不行，就用牽引

圖 B-7-2

圖 B-7-3

帶拉它去「嗅」，再命令它把嗅源銜起來；如果狗銜錯了物品，就命令它吐掉，再讓它重新去銜取。此時，主人一定要耐心地誘導，一旦狗發現嗅源，無論它用何種方式表達，都應及時給予鼓勵，並拿起嗅源物讓它叼起。

應該注意的是鑒別物品的訓練不宜時間過長，否則會使狗產生錯覺，一般每天 2～3 次練習即可。以後可經常換一換嗅源，使它對訓練保持興奮性。

當狗能熟練精確地鑒別出主人的物品後，就可以跟它

玩一個鑑別不同人氣味的遊戲。找幾個朋友排成一行，相距1公尺或坐或蹲，請其中一人把自己的鞋脫下來，作為嗅源讓狗聞一下，然後穿好。這時主人牽狗到這些人面前一一嗅認。當狗嗅到脫鞋的那人面前時表現出了興奮，立即說「好」來鼓勵狗，並命令狗將這人從行列中拽出來，但不能誤傷人家。

這一訓練容易發生的問題是有人身上帶有食品，或其他對狗有誘導氣味的東西，使它的嗅覺混亂，遊戲無法正常進行。

2. 尋找物品（圖B-7-4～圖B-7-8）

如果你不慎丟了錢包、衣服或文件等物品，可以訓練狗幫忙尋找。

取出一件狗熟悉的物品讓它嗅聞，然後將物品送到遠處它看不見的地方返回，等5秒鐘再用手指向物品的地點，發出「銜」的口令，如果狗迅速地銜回了該物品並交給你，就給它食物獎勵。重複幾次，初步培養狗尋找隱藏物品的能力。

然後，你可以跟狗玩一個找東西的遊戲，拿出它喜歡的玩具——比如皮球，拋到遠處草叢裏，讓它憑著靈

圖B-7-4

圖 B-7-5

圖 B-7-6

圖 B-7-7

圖 B-7-8

敏的嗅覺去找。剛開始，狗急著找到拋出去的物品而到處
轉悠，這時你就走過去引導它一下，並命令它把物品銜起
來，再用手裏的食物跟它換。

　　接著進一步培養狗搜索主人物品的能力。拿幾樣小物
件分別讓它嗅一下，藏在相距至少 50 公尺的幾個地點，然
後牽狗接近其中一個隱藏著物品，用手指著這一物品，命
令「搜」，如果它把物品叼出來就及時鼓勵和表揚，但先

不要獎勵,因為還有其他物品沒有找呢。也可以在狗發現了一個隱藏的物品時,命令它「叫」,這樣吠叫提示主人物品的隱藏地點,也是狗應具備的能力。當狗興奮地把這些藏起來的物品全部找到後,就好好地獎勵它一番。

此訓練容易出的問題有二個:一是在同一地點反覆訓練,使狗只會在這個地方搜索,換個地方就不會了;二是尋找的物品單一,沒有真正培養出狗的尋物能力。

3. 傳遞物品（如圖 B-7-9 ~ 圖 B-7-14）

這一訓練通常由兩個人配合進行,他們必須是狗熟悉和依戀的人。家庭成員是這一訓練最適合的人選,因為他們與狗朝夕相處,並建立了很深厚的感情。

最初的訓練先讓狗習慣根據口令在兩人之間奔走。

①一人牽著狗,另一人走到狗跟前撫摸或餵食後離開,邊走邊呼喚狗的名字,引起它的興奮。走到 50 公尺距離處停下來,繼續呼喚狗名,並招手讓它過來。

②牽著狗的人放開牽引帶,發出「去」的口令,並用

圖 B-7-9

圖 B-7-10

圖 B-7-11

圖 B-7-12

圖B-7-13

圖B-7-14

手指向另一人。

　　③當狗跑到你身邊時，就要給予表揚或獎勵，並拉住牽引帶使它停留 2 分鐘，然後鬆開，發出「去」的口令，讓它再回到對面。

　　如此反覆訓練，當狗能聽口令迅速地奔走於兩人之間後，就可以進行下一輪訓練了。

　　①把要傳遞的物品給狗叼一下，另一人當著狗的面拿走傳遞物，站在 50 公尺以外。

②你命令狗「去」，並指向另一人，而那邊則在遠處搖動物品逗引狗，並呼喚它「過來」。

③當狗跑到那邊時，就給予食物獎勵，並把手裏的物品給它銜住或裝入它的背帶裏，再令狗回去。

④你接到狗傳遞過來的物品，就用食物跟它換。

這一技能如果應用到生活中，就可以讓狗到指定地點取報紙或牛奶等東西，為你做些雜務工作。

4. 狩　獵

這一訓練是在狗具備了銜取拋出物能力的基礎上進行的。

到野外找一塊平坦的草地，把電動玩具兔子放在遠處，遙控開啟，發出「注意」的口令。一旦這只假設獵物——玩具兔子進入視線，你就用手指向獵物下令「獵」，由狗去把玩具兔子銜回；如果它一時找不到玩具兔子，就由你跑步帶它前去把獵物銜回，然後獎勵。

訓練中還要讓狗熟悉槍聲，對於膽小的狗，可先放鞭炮給它聽，無論是鞭炮聲還是槍聲都要由遠及近。一旦狗適應了槍聲，就可以進入下一步的訓練。把假設獵物沾上野獸的血，讓它嗅聞，然後請人帶著假設獵物預先躲在草叢中，待狗接近了就將獵物拋出，此時你要扣動扳機鳴槍示意，

假裝把獵物打下來，同時發出命令「獵」。如果狗跑去將假設獵物銜回來了，就獎勵它一塊野獸肉吧。注意，訓練中不能讓狗自作主張，撕咬假設獵物。

最後，帶狗實戰。由於捕獵動物是狗的天性，所以主人帶狗外出狩獵，只要成功了一次，它的狩獵能力就算形成了。

5. 導盲犬的訓練

選擇具有工作能力的德國牧羊犬，它會忠實地充當盲人的眼睛，外出時避開行人車輛和障礙物，並且適應與盲人在一起的日常生活。

「導盲」訓練是在狗已通過了各項動作和技能的訓練基礎上進行的。先讓狗熟悉盲人每天必走的路線，訓練人帶著它反覆沿線路走幾次，最好在餵食前出發，到達目的地才餵給食物。

（1）訓練人左手握住牽引帶，右手拿探路的手杖或木棍，對狗發出「走」的口令，然後儘量走在狗的後面，並輕拉牽引帶，控制它的行進速度。當狗能勻速地走在訓練人前面時，要及時說「好」。

（2）橫過馬路時，先讓狗「站住」，看看近處沒有車

輛通過時,再令它「走」;碰到汽車或自行車過來,立即下「停」的口令,使狗站住或坐下;待車輛行人過去,再下「走」的口令,繼續前進,邊走邊表揚狗。

(3)通過有信號燈的路口時,讓狗站住,並用手指向信號燈,命令它「注意」,如果是紅燈,就立即讓它停下;如果是綠燈就下達「走」的口令。反覆訓練,使狗養成紅燈停綠燈行的習慣。

(4)當面前的路上出現障礙物時,訓練人要放慢速度,下「停」的口令,並用手杖敲擊障礙物,引起狗的注意,如果它站住了就獎勵;如果狗試圖繞過障礙物繼續前進,就馬上鼓勵它說「好」。

此外,在訓練路線上,可有意設置一些障礙物,用以訓練狗避開或繞行通過的能力,這對於導盲犬的訓練是很重要的。

(5)訓練中還要培養狗抵制外界的誘惑,順利完成自己任務的能力。請人等在路邊,狗過來時拋出食物,當它要吃時,訓練人就應及時制止。

還要訓練狗帶領盲人上下樓梯,注意糾正它快速地跑上或跑下樓梯的習慣。

(1)上樓梯時,訓練人先命令狗「站住」,然後用手杖敲擊第一級臺階,同時發出「上」的口令,待它上

了，訓練人便隨後跟上。

（2）在每一級臺階上，訓練人都應自己先站住，同時用牽引帶控制狗稍停片刻，直到上完樓梯再給它獎勵，下樓梯也是同樣的訓練方式。

在訓練期間，就應為狗選好一個盲人主子，讓他們有一段時間的互相適應，盲人可以透過給狗餵食、撫摸，與它建立親密的夥伴關係。等到訓練一結束，它也就很快進入工作狀態了。

6. 追 蹤

這是一種頗具傳奇色彩的技能，一隻善於追蹤的狗不僅能和你玩捉迷藏的遊戲，在關鍵時刻，它還能幫你找回走失的兒童，或者在災難的營救現場大顯身手。

這種神奇技能的訓練雖然有些複雜，但也並不像我們想像的那麼難。整個訓練完全可以在遊戲的氣氛中進行，

這樣你的愛犬就會在玩耍中成為追蹤高手。訓練可以分兩步進行，首先是讓狗根據你的口令，對你的足跡氣味進行追蹤。這一步完成後，再讓它學會追蹤別人的氣味。

第一步，把狗帶到清靜地點拴好，用狗感興趣的物品逗引，當狗跳起來想銜取此物時，你就離開它，順著風向走出 30～50 公尺的距離，將物品放在地上後順原路返回，以加濃足跡的氣味。接著把狗

帶到足跡的起點處，用手指
著命令它「嗅」，然後一邊
鼓勵一邊指引它沿著足跡嗅
到終點。當狗發現地上的物
品並能主動銜取時，應及時
給予獎勵，並將物品接過來
再拋出去，讓狗跳起來銜
取，提高它的興奮性。

經過幾次訓練，當狗具
備了嗅認足跡的能力後，可
取消物品的逗引，並將足跡
長度逐漸加大，還可以帶些拐彎。當足跡延長到 200 公尺
以上時，狗在追蹤的時候可能會被其他氣味誘惑，而向其
他方向追去。此時，你不要急著拉緊牽引帶，而是要等它
重新回到足跡旁，用「好」的口令表揚。

另外，可在路線中間放一兩件你身上的物品作為提
示，使狗不至於偏離足跡路線。

接下來，需要進一步鞏固狗的追蹤能力，使它在足跡
氣味中斷時能根據口令搜尋氣味並繼續追蹤，訓練時可利
用野外的壕溝、小河等地形，如果狗不能獨立找到中斷了
的氣味，你可帶它跨過壕溝，淌過小河，然後你應停留在
離足跡不太遠的地方，讓它自己找到足跡。

在第一步的訓練中，應注意以下幾點：

（1）如果你的狗對追蹤遊戲很感興趣，就不需要過多
地用物品逗引；而對於不大喜歡這個遊戲的狗，可多用物
品逗引的方法，以激發它的興趣。

（2）根據狗的反應靈活操控牽引帶，如果它看上去興致很高，可放長牽引帶，發揮它獨立追蹤的能力；當它露出一副找不著北的模樣時，就拉拉牽引帶，適當給它點提示。

（3）訓練時要仔細觀察和掌握狗的反應變化，為下一步追蹤別人氣味的訓練打好基礎。

第二步，訓練狗追蹤其他人。

可以讓家中的孩子參與這個遊戲。先讓孩子走出100公尺左右藏起來，然後用孩子身上的物品逗引，使狗興奮起來，然後把物品拋到孩子隱藏地點附近。你牽著狗走到孩子的足跡旁，讓它嗅認足跡氣味，然後讓它沿著孩子的足跡追蹤。只要狗能邊走邊嗅，表現得很認真，就撫摸著誇獎它一番；如果它心不在焉，不能沿著足跡尋找，就引導它追蹤。

當狗發現了孩子的物品時，能主動銜起來就馬上給它獎勵，並讓它自由活動一會兒。隨著訓練次數的增加，可逐漸取消用物品逗引的方法，讓狗在不知道孩子隱藏方向的情況下，根據足跡的氣味追蹤。

在訓練初期，給它佈置的任務不應太難。如果狗能夠循著足跡的氣味，追蹤2公里以上找到孩子，就說明它具備了基本的追蹤能力。這時就可以去掉牽引帶，讓狗不受繩子的約束而自由追蹤，培養它在複雜地形追蹤的能力。

第二步訓練應該注意兩點：

（1）為了防止狗在去掉牽引帶後跑得太快，在這之前有必要使它對「慢」的口令形成條件反射。也可以把脫繩和帶繩追蹤結合起來訓練。

（2）用牽引帶領著狗追蹤足跡時，不要在足跡拐彎處刻意地用繩子拉動它，儘量讓狗獨立地根據氣味辨別方向。只有當狗迷失了方向時，你才可以給它點提示。

第八章　護衛訓練

護衛訓練是對狗進行的一種更專業的訓練，需要助訓員來配合訓練。

1. 撲 咬（如圖 B-8-1 ~ 圖 B-8-5）

找一個固定物將狗拴好，令其坐下，請助馴員手拿木棍走過來，主人在旁邊及時提醒狗「注意」。當狗吠叫著威嚇助馴員或要進攻時，助馴員應做出敗退的樣子，主人在旁邊為狗助威，並鼓勵它撲向助馴員，然後說「很好」來表揚狗。

有的狗可能會對助馴員的挑釁表現出害怕和退縮的樣子，但由於它被拴起來，無法逃避現實，於是它就很有可能在絕望之中跳起來反抗，這時助馴員要立即表現得害怕而逃跑，主人馬上給狗以熱烈的鼓勵，並進行獎賞。反覆幾次，直到狗變得兇猛起來。

對於特別暴烈的狗，訓練中

圖 B-8-1

圖 B-8-2

圖 B-8-3

圖 B-8-4

圖 B-8-5

要給它加一根鐵鏈控制,並且在助馴員退下時,及時命令它「停止」攻擊。

下一步就請助訓員戴上護袖,由遠及近,邊走邊引誘狗來撕咬,主人在旁邊及時發出「咬」的口令,並假裝以打助訓員助威。當狗咬住助馴員的手臂時,助馴員應假裝與狗搏鬥,使它越咬越凶,但時間不要太長,見好就收。主人及時發出「放」的口令,助訓員配合著放低被咬住的手臂,靜止不動;如果狗不鬆口,主人就用威脅的聲調重複「放」的口令,同時猛拉牽引帶,用手切狗的鼻梁並掐它的大腿迫使它鬆口。

接著,還訓練狗追趕助馴員撲咬,主人跟在後邊及時命令「咬」和「放」。訓練中要讓狗學會撕咬用力適度,在假設敵人逃跑時才能死死咬住他的手臂,而在主人發出「放」的口令時,要它能聞令即止。

2. 看家狗的訓練

看家狗應該是沉著冷靜,能將不速之客趕跑,或咬住他的衣服而等待主人下命令的狗。見人就採取攻擊態度的狗,不能勝任看家的職務。

訓練時,主人可以請一位狗不熟悉的朋友裝作小偷,鬼鬼祟祟進門,此時主人命令狗「注意」,若它有豎起耳朵細聽或吠叫報警的表現時,主人就低聲表揚它。那位朋友繼續向前走,主人下令「咬」,同時放狗撲咬(那人的手臂是要帶著護袖的),狗會咬住「小偷」的衣服不放,這時主人就得下令「放」了,注意不要咬傷人家,同時獎勵狗。

第二步是訓練狗在家中無人時看家。主人先隱藏起來，助手進入院子，如果狗能主動進攻，主人就出來獎勵它；若它對此不管不問，主人就應及時鼓勵狗吠叫報警。另外，平素要訓練狗不吃外人拋給的食物，如果它要揀吃地上的食物，馬上發出「不行」的口令，並輕打狗嘴，提高它的警惕性。

看家護院最重要的是選用兇猛又善解人意的狼狗，它不僅要做好看門工作，而且應該善於察言觀色，有禮貌地招待好客人。做守夜工作的狗，白天把它拴起來睡大覺，夜間關上大門，解開狗的牽引帶，它自然就會精神抖擻地到處巡視，守夜看家。

3. 看守物品（如圖 B-8-6、圖 B-8-7）

先強化狗護食的本能。可以在餵食的時候，把狗拴起來，先給它吃兩口，然後把食物拿開，放在它想吃又吃不到的地方，下「看住」的口令。請人帶另一條狗佯裝過來

圖 B-8-6

圖 B-8-7

要吃食，它會本能地護食而吠叫，這時就要表揚它。大多數狗都有護食的本能，所以這一步訓練很快就可以通過。

訓練狗看守的物品應是各種各樣，剛開始我們選擇體積較大的物品，如自行車、行李等。找一個清靜的地方，帶狗圍繞目標物品轉一圈並命令「嗅嗅」，然後放開它，如果它跑遠了，立即召回，讓它在目標周圍活動。緊接著在目標上放些狗喜歡的小東西如碎布片、玩具等，先讓它嗅嗅，然後命令「看住」。助訓員出現時，主人提醒狗「注意」，助馴員突然衝到目標前，搶走上面的布片或玩具，如果狗能主動攻擊助馴員，主人馬上表揚和獎勵它，同時助馴員立即逃走；如果狗對此事不管不問，主人就要下命令「上」，當狗咬住助馴員或他拿走的東西時，助馴員應立即丟下東西投降。這時，主人過來命令狗「停」，並表揚或獎勵它。

在人多的公共場合，我們還要訓練狗明辨是非，也就是攻擊那些企圖搶走東西的歹人，而不能亂咬周圍的行人。訓練時可以給狗拴上牽引帶，在地上放好物品，下口令「看住」，當它欲攻擊周圍路過的行人時，你就拉住牽引帶制止，但是如果它向這些人吠叫示威，還是要誇獎它的。這樣反覆訓練，狗就能在目標周圍確定一個警戒範圍，只要有人越過警戒線或接近目標，你就命令狗撲咬，逐漸提高它的觀察判斷能力。

當狗具備了以上能力後，就應去掉牽引帶，訓練它在自由狀態下看守物品。命令狗坐下，換一件小的物品放在它面前，比如主人的錢包，下「看住」的口令。以後逐漸減少主人的口令和指揮，直到狗能獨力完成看守任務。

4. 巡　邏

對狗進行巡邏訓練，是為了讓它幫我們看家護院，發現入侵者或者異常情況能主動吠叫報警，直至追咬入侵者。

選擇樹林或有藏身的地方進行訓練，請一個助馴員在預定路線旁隱蔽起來，主人牽狗在此路線上往返走動，每走 50 公尺左右停一下，同時低聲對它發出「注意」的口令。靠近助馴員隱藏的地點時，觀察狗能否嗅到陌生人的氣味，一開始它也許不能明察秋毫，那麼就繼續前進；再次經過助馴員隱蔽的地方時，如果狗還是沒有反應，助馴員就發出點聲響，引起它的注意，主人也要發出「襲」的口令，鼓動狗對助馴員進行撲咬，然後將助馴員交給別人押走，同時命令狗監視「俘虜」的一舉一動。為了加強狗的警惕意識，在「押解」途中，助馴員假裝逃跑，主人及時發出「襲」的口令，和狗一起將助馴員再次捕獲。

當狗能在巡邏途中始終保持高度的警惕，發現助馴員就能勇猛撲咬時，表明它的巡邏能力已經養成，以後可適當延長巡邏路線，助馴員隱蔽的地點也可距離路線遠一些，在巡邏路線上留下物品或助馴員的足跡氣味，使狗發現並根據氣味搜尋助馴員。

巡邏訓練應注意以下幾點：

（1）練前，你應與助馴員制定好行動計畫，商量好巡邏路線。

（2）巡邏路線要經常變化，助馴員最好也要換一換。

第九章　克服惡習

過度寵愛會使一條狗變得無法無天，愛狗並不是要容忍它的不良習慣！

1. 吠叫不停

幾乎沒有不叫的狗，狗透過叫聲來互相問候、傳遞信息。但是，那些閑得無聊吠叫不停的狗，就會使家人鄰居反感了。

對於室外養的狗，在它正準備開口叫時，你就喊它的名字，以此吸引它的注意力；或者用分散注意力的方法，命令它「趴下」，狗在趴著的時候是很難叫出來的；如不能奏效，就用水潑它或拿不太重的東西朝它扔過去，這突如其來的東西會嚇它一跳，使它迅速安靜下來。

千萬不可在它大聲吠叫的情況下，跑出去狠狠訓斥它一番，這樣狗會產生一種印象：只要一叫，主人就過來看它，即使被訓斥一頓，但主人能來到面前更令它愉快，於是叫得更起勁了。

當狗停止吠叫時，不要立即誇獎，免得它以為主人是在表揚它剛才的吠叫行為。

對於養在室內的狗，可準備些玩具，在它叫個不停的時候，把玩具塞到它的嘴裏，它嘴裏叼著東西就很難叫出

來了。

另外，在對狗進行吠叫訓練的同時，也應培養它根據口令停止吠叫的能力。如果它不停，就用手握住它的嘴，讓它保持安靜一會，當它不叫時立即表揚和獎勵。

2. 啃咬物品

幼狗出生 4～5 個月正是長牙齒的時候，由於感到奇癢難熬，它就會啃咬任何見得到的物品，尤其是帶有主人氣味的東西，比如拖鞋、手機等，小孩玩具它也喜歡。

另外，有胃腸障礙或寄生蟲的狗，也會啃咬物品；當狗處於孤獨無聊，或受到主人冷淡和不公平對待時，都會惡作劇地亂啃家裏的東西。

我們應該理解幼狗的咬嚼行為，但也要讓它知道什麼可以咬，什麼不可以咬，經常給它骨頭或狗咬膠之類的玩具讓它鍛鍊牙齒。

另一種糾正方法是：在狗咬東西的時候，大聲斥責它，並將此東西拿走；也可以在它喜歡咬的東西上噴灑有刺激性氣味的藥水。

無論何種情況，你都應該多注意愛犬的行為，如果讓它養成惡習就難以改正了。

3. 亂揀東西吃

狗亂揀東西吃，有的是因為營養不良，有的純粹是一種癖好。狗吃糞便就是一種讓人難以忍受的惡習，這種習慣不僅影響主人養狗的情趣，而且會使狗傳染上腸道寄生蟲。

對於由於營養不良引起的毛病，你在它的飲食上做適當的調整即可，而對於有惡習的狗就一定要強制它改正。

平時看到它撿東西吃，就狠狠地斥責，並讓它吐出來。有的狗當著主人的面裝模作樣，背後卻仍是「狗改不了吃屎」，我們可用間接的懲罰方式，撿兩塊石子，暗中跟蹤，發現狗正要揀東西時，便把石子向它扔過去，它被嚇了一跳，以為是自己的行為引來的後果。反覆幾次，狗就差不多能改正這種惡習。

當然還有別的辦法，就是在狗有可能會撿吃的東西上撒些辣椒粉等刺激性的調料，使它吃了後倍受煎熬，從此便有了記性，再也不敢去吃了。

4. 邊吃飯邊「嗚嚕」

有些狗在吃飯時不能有人接近它們，否則，就會發出「嗚嚕」的威脅聲音，這是它「護食」的本能，也是佔有慾的表現。

對於這樣的狗，一定要糾正它，當它正吃得津津有味的時候，把它的盤子拿走，過一會兒再還給它，並且添加更美味的食品。反覆幾次，直到狗明白毫無怨言地放棄食物，將會得到更多。另外，當狗吃飯時，你最好在旁邊陪著，並輕輕呼喚它的名字，撫摸它的後背，讓它認識到主

人是食物的提供者。

　　還要定時餵食，讓狗到時就有吃的，消除它的危機感，那麼，它保護食物的慾望也就不會那麼強烈了。

5. 把食物拖出來吃

　　有的狗喜歡把食物拖出來吃，如果是食物太大的緣故，只要將食物切碎一些就行了；而那些佔有慾強的狗，不僅將食物從盆中拖出來，還會拖到隱秘處，細細品味。這種習慣非常糟糕，因為沒吃完的食物會在角落裏腐爛、招蟲子。

　　要糾正狗的這個壞習慣，你可以經常將食物放在手上餵給，使它逐漸養成光明正大吃食的習慣。

6. 拽著主人走

　　我們經常可以看到體積龐大的狗在前面緊拽牽引帶，把主人拉得是跌跌撞撞，這又是它控制慾的表現。

　　有的主人跟狗較勁，緊拽牽引帶，累得筋疲力盡也拽不過它。正確的做法應該是將牽引帶縮短，在狗牽動繩子的一瞬間把它的脖子勒一下，然後馬上放鬆

繩子，它就一個趔趄。

當然這個動作的效果與你平常牽繩子的方法很有關係。帶狗散步時，你握在手中的繩子應儘量保持鬆弛的狀態，並隨時注意它所處的位置是否正確。有的主人一心想使狗處在正確的位置，經常是扯緊了繩子，幾乎沒有放鬆過，到了要糾正狗的行為時，牽拉繩子已經不起作用了。

另一個技巧是對於有力氣的主人，要像駕馭奔跑著的馬一樣拉著狗的牽引帶，不能放鬆，讓狗知道它拽不過主人，當它想跑或使勁向前走時，只能愚蠢地搖擺晃動。

7. 對過路人狂吠和追逐

對陌生人懷有戒心和攻擊態度是狗的警戒本能，雖然是出於對主人的保護心理，但是狗無故的對人狂吠和攻擊就是缺乏冷靜的判斷力，也是沒有禮貌的行為，必須加以糾正。

住在樓房裏的狗聽到門外有人走動的聲音就狂吠，主人自然要制止它，可心裏卻有些緊張，那麼，狗感覺到了主人的害怕，仍然會警惕地對著門外吠叫不停。所以，要想使狗安下心來，你自己得先坐下來，然後招呼它過來坐下，並撫摸著安慰它。

在狗小的時候，就不要

讓它對路上行走的人抱有太強的好奇心，當它對人又追又叫時應立即用嚴厲的聲音喝住它。那些怕狗的人見它直奔過來便嚇得跑起來，這就更加引起了它的興趣；如果人們瞭解狗的心理，當它追來時站著不動，它覺得無聊，聞聞也就走開了。

8. 咬　人

狗天生牙齒鋒利，幼狗們在一起玩耍時就知道不使勁咬同伴。有些幼狗在跟主人一起玩的時候，喜歡把主人的手當作骨頭來啃咬，這時，你就要像狗媽媽一樣，用嚴厲的聲音制止它，然後走開一會兒不理它，或者用橡膠玩具堵住它的嘴。實在不行就將它關禁閉，讓它明白咬人是要受到懲罰的。

另外，狗咬人可能是它控制慾的表現，如果聽其自然，狗很快就會用這種方法控制主人。可以採用注意力轉移的方法，命令它趴下，狗能夠趴下就表示它服從了主人。

9. 在糞堆裏打滾

有些狗喜歡在汙物裏打滾，而且是越難聞它越喜歡，弄得全身又髒又臭，這既給主人丟了面子，又招人討厭。

最重要的是在狗小的時候，就要規範它的行為，教會它聽從「不行」的口令，及時制止幼狗的不良行為。另

外，可以用注意力分散法，把正要接近糞堆的狗叫回來做遊戲，讓它在遊戲中忘記糞堆。

對於屢教不改的狗，就用水槍噴它。

10. 總想進屋

室外養的狗總想進屋跟人湊熱鬧，對於這樣的狗，你不妨用門來嚇唬它。當它站在門口觀望時，突然關一下門，「砰」的一響，嚇得它心驚肉跳；當狗把它的頭探進門來時，可以用門碰一下它的鼻子，或者輕輕夾一下它的腦袋，給它留下一個痛苦的記憶。

這樣狗就對門有了恐懼的印象，以後，即使屋門大開，它也不會輕易闖入了。

11. 欺負小動物

幾乎所有的狗都喜歡追逐小動物，如果不加以制止，它就會覺得欺負小動物很好玩，以至於見到小動物就追。

這樣的狗多數是由於主人對它過於寵愛，或者是它保護主人的意識太強烈了。一旦發現自己的狗有這種傾向，你就要嚴厲喝住它，否則，狗還以為它的行為是得到主人認可的呢。

另外，在狗小的時候，就要培養它的愛心，讓它懂得尊重小動物。

12. 戲弄主人

有的狗喜歡惡作劇，主人叫它時，它就跑過來，而你剛想捉住它，它一閃身又跑了。過一會又自動靠過來，逗

引你去抓它。

　　你不必被這樣的狗累得氣喘吁吁，可撿起地上的小石頭向它扔過去，並大聲喊它回來。它被嚇了一跳，就會乖乖地回到你身邊，這時你就不要責罵它了。

　　還有的狗，在你訓練它握手或坐下時，裝作聽不懂的樣子，拒絕執行命令；或者當你指定它去叼回某樣東西時，它會若無其事地轉一圈，然後隨便叼回一個什麼來糊弄你。這就是你總是遷就它的結果，如果在訓練中嚴厲地重複你的命令，你會發現狗做得很好，因為它很明白你在說什麼。

| 第十章 | 良好習慣的培養 |

　　儘管狗是人類最早馴服的動物，但它在與人類一起的生活中還是能流露出狼的特性。所以，我們在狗很小的時候，就應對它進行室內生活的教育，儘量阻止它某些讓人不舒服的行為，養成良好的生活習慣，使人和狗在一起的生活更加和諧。

1. 怎樣使狗養成良好的排便習慣？

　　狗是愛乾淨的動物，斷奶後一旦能自由行動，它就會到窩的外面找地方去排便。主人要及時給它指定一個大小便的地方，否則它就自作主張找地方了！

　　還有，狗來到新的環境，會認準第一次小便的地方，因此，要想比較容易地培養起狗的衛生習慣，就一定不要錯過這個機會。

　　對於住在高樓大廈裏的小狗，可以為它找一個合適的角落做廁所，陽臺或是室內門邊都不錯，鋪上報紙或沙子，細心觀察它的一舉一動，當你看到它在地上不停地嗅，或弓起背不斷地圍著一小塊地兒亂轉

時，趕快抱起它放在「廁所」裏，等它辦完自己的事，就用歡快的聲音表揚它一下。清理大小便時，要稍微留下一點氣味，以利於小狗下次去辨認自己的「廁所」。為了吸引小狗到它的「廁所」排便，也可以在上面噴上臭味劑（仿排泄氣味的液體）。

如果你發現小狗在房間內排泄，就大聲叫喊，然後邊跑邊逗引它到廁所去完成它未完成的「使命」。不要責備它，更不能把它的鼻子按進排泄物，因為它也會覺得很噁心的。徹底清理一下被小狗污染的地方，最好再用除臭劑或消毒液噴灑一下，以免留下臭味，吸引小狗再去這個「廁所」。

許多初次養狗的人，不太瞭解狗的習性，其實，它是有比較固定的排泄時間的，這就是睡覺醒來和吃完飯的時候。

成年狗一般每天大便兩次，小便3～4次。小狗的膀胱和腸容量小，需要頻繁的排泄，所以主人就要多費心照料了，等它長大後，就可以領它到室外找地方排便了。

有些小狗在過於緊張和興奮時也會有排便意識，自制力好的狗會立刻跑到「廁所」裏去，而自制力差的狗，就會小便失禁。這種毛病很難糾正，等它長大些，就會自然消失了。

有的狗在犯了錯誤時，一想到要挨批評，還沒等主人說話就開始小便，以為這樣可以逃避責罵和懲罰。對於這種狗不要批評過重，使它失去自信心；也不要因為小便就放過它。

2. 怎樣訓練狗聽口令開飯？

這是狗應該具有的最基本的教養，允許吃才能吃，主人不下命令時，再餓也得挺著。

先命令狗坐下，使它安靜下來，增強它的服從心。然後把食盆放在地上，當它朝食物沖過來時，你一邊說「不行」，一邊用手擋住它的嘴和鼻子，或者將食盆移開。這個時間不要過長，否則狗就沒有食慾了。反覆幾次，待它變得有耐心後，就可以下命令「吃吧」，並且把食物送到它面前。

如果是乾的狗糧，可以放在手上遞到狗面前，並且說「等一下」，如果它不聽話或者要搶食，就把手握起來，等一會再下「吃吧」的命令。

還有一種厭惡法，就是當狗要過去吃食的時候，主人弄出很大的聲音，並把食物拿開。重複幾次以後，它就明

白了不聽命令吃食，不但會出現難聽的聲音，而且連食物也沒了。

平時你可以利用狗正在吃飯的有利時機，發出「吃吧」的口令，使它以為是聽了口令才吃飯的。

當你的狗習慣並領會了「吃吧」和「不行」的口令後，即使再美味的食物放在面前，它也會等著主人說「行了」才享用。

有了這樣的教養，將來才可以教它拒食外人的食物和不亂撿東西吃。

3. 怎樣訓練狗不吃陌生人的食物？

在狗很小的時候，就要讓它養成在食具內吃飯喝水的習慣，食具內的食物不能太滿，以免掉到地上給它造成撿食的機會。

訓練時，如果需要獎勵狗，也要把食物放在手上餵給，絕不能亂扔在地上，使它揀食。

平常帶狗出去散步時，也要處處留意它的行為動向，看見它要揀食地上的食物，立即發出「不要」的口令，同時拉住牽引帶制止。

另外，可請一個助手幫忙進行有意識的訓練。把狗拴在固定物上，助手在它面前扔一塊香腸，當它欲叼起時，主人及時發出「不要」的命令，同時助手手拿木棍輕打狗的鼻頭，讓它認識到吃陌生人的食物是要挨打的；或者請助手丟給狗一塊帶有辛辣味的食物，它吞下後痛苦不堪，然後，主人對助手假意訓斥，同時命令狗「吠叫」示威。反覆幾次，狗就能拒絕陌生人的食物，並且加強了「吠

叫」報警的能力。

這種訓練對於看家狗尤其重要。

4. 怎樣訓練狗聽口令吠叫？

吠叫報警是狗的本能，但要想讓它聽口令吠叫就需要有意識地訓練了。平時，利用狗吠叫的機會及時發出「叫」的口令，使它產生聽了口令才叫的意識，再適當地給點食物獎勵或口頭表揚。

早期的基本訓練是很重要的，在狗小的時候就應讓它知道什麼時候該叫，什麼時候不該叫。方法是當它想吃食物或有陌生人來到時，命令它「叫」，然後給它食物獎勵。當然，還應該讓它知道在該閉嘴時，就要保持沉默，方法是當它叫著要食物時，就是不給它直到它停止，然後說「閉嘴」再給它食物。

對於不愛叫的狗，可用食物在它面前逗引，由於食物的誘惑，狗吃不到就會急得叫起來，主人及時發出「叫」的口令，然後給它一部分食物，以後逐漸減少食物引誘，使狗根據口令吠叫和停止。

另外，可利用狗對主人的依戀引起它吠叫。把它帶到陌生的地方拴起來，你先跟它玩耍一會，把它的興奮性逗引起來後，走到遠處呼喚狗名，它想跑向主人卻又被拴著，就會急得吠叫，這時你應立即回到它的面前，親切地撫摸並獎勵它，並把它放開休息幾分鐘，再重複訓練。

這個訓練容易犯的錯誤是：過於頻繁地讓狗練習叫，結果使它養成了吠叫不停的惡習。

5. 怎樣使狗養成良好的進食習慣？

狗吃食的時間一般是 10～15 分鐘，當它吃完後，立即把食器拿開，使它養成不剩食的習慣。對於它不肯立即吃下的食物，要果斷地拿走，不要怕餓壞它。

為了使狗養成良好的進食習慣，人在吃飯時不能扔東西給它吃，如果是怕浪費有營養的食物，可以留下來，等狗開飯時再給它。

對於偏食的狗，我們可以採用連哄帶騙的方法糾正，把它不愛吃的攙在好吃的食物裏，比如，在它的食物中加些貓罐頭佐餐，再挑食的狗也不會無動於衷。但不要長此以往，狗的習慣性很強，如果它養成每次餵食都要加些美味的習慣就糟了。

或者，當狗非常饑餓的時候，拿出它平常不喜歡的食物來糊弄它，效果也不錯。

第十一章 馴狗心得

　　狗雖然是比較聰明的動物，但它不會像人一樣思考，不會舉一反三，所以，訓練時不能對它要求過高。

　　有時我們感覺狗能聽懂人的很多話，那是因為它很瞭解主人的習慣，當主人忙個不停的時候，它總是在旁邊目不轉睛地觀察著主人的一舉一動。而對於主人說的話，狗只是會察言觀色罷了。

1. 怎樣訓練狗聽從命令？

　　（1）對狗發出的命令，語言要簡練清楚，一般情況下，狗都會將短促有力的語言當作命令，否則它就不會迅速做出反應。

　　（2）已發出的命令要保持一致，不能經常更改。這樣用不了多長時間，狗就會把命令當作它生活的一部分。

　　（3）命令的音調也很重要，狗的聽覺比人靈敏得多，它完全可以聽到很輕的口令聲音，大聲喊叫會使它有挨罵的感覺，以至於嚇它跑得遠遠的。當然，在它犯錯誤時還是要用低沉、嚴厲的聲音制止的；表揚它的聲音就應該溫柔歡快一些了。

　　（4）同一命令對不同性情的狗要採用不同的口氣。例如，同是「坐下」，對神經質的狗要溫柔地命令它，對活

潑好動的狗下命令時就要嚴厲。

（5）訓練中，教給狗做的每一個動作，都要讓它在瞬間完成，不允許有猶豫的時間，必須讓它養成每聽到一個命令都要立即執行的習慣。

如果給它時間考慮，狗就有可能厭惡或逃避訓練。所以，馴狗時不能存有僥倖心理，一定要讓它無條件地執行命令！

2. 怎樣對待犯錯誤的狗？

人們喜歡打罵不聽話的狗，這種訓練方法效果並不好。狗很敏感，很多時候你只要板起面孔，它就會夾起尾巴，低頭思過。或者做出向它扔書本之類的威嚇動作，就足以使它記住這次教訓了。對狗經常打罵會使它的心靈蒙上陰影，也失去了忠誠心。

狗沒有邏輯思維能力，不能把懲罰與它做過的錯事聯繫起來，所以，懲罰要在它犯錯誤時當即執行，對它 10 分

鐘前所犯的錯誤予以指責是沒有用的。比如，你回家發現狗正在以咬拖鞋取樂，並且見到主人就高興地跑過來，這時你要是懲罰它，它還會為主人不喜歡它而傷心呢，絕對想不到是因為咬拖鞋。更糟糕的是，在不明不白的情況下經常遭到訓斥，狗就會漸漸變得不聽主人的命令。正確的做法是在狗的幼年時期就盯緊它，隨時阻止它即將發生的錯誤行為，當它正要犯錯誤的瞬間，應大聲地、果斷地制止它。

還有，在狗做了錯事的時候，如果你叫著它的名字訓斥，就會給它造成一種錯覺，被叫到名字的時候，準是被挨罵，以後你再叫它的名字就不靈了。

有的狗挨了訓就用哼哼或咬人表示反抗，對於這樣的狗不能姑息遷就，但也不能懲罰過重，輕輕打它的鼻尖即可。膽小、神經質的狗在嚴厲的訓斥下，可能會嚇得躲起來，這時還要拿出玩具哄哄它。如果它很快忘記煩惱，叼了東西就去玩，就給予表揚和獎勵。

正在發育期的小公狗有點叛逆性，有時候會固執地拒絕執行命令。當它不停地吠叫時，可能是發現了什麼而向主人報警，在沒有弄清楚它在說什麼之前，就不要懲罰它了。

狗更多的毛病是被主人慣出來的，所以，在它犯了錯誤的時候，主人除了責罰它之外，也要省視自己是否對它教育得不夠。

3. 怎樣獎勵狗最有效果？

獎勵是狗最樂於接受的一種訓練方式，透過獎勵可以強化它的正確動作，鞏固已經養成的習慣。平常要儘量少採用食物鼓勵的方式，經常給狗獎勵食品容易養成它貪吃的毛病，比如每做完一個動作，它便直盯著主人的手，不給食物就不肯離開。其實溫柔的愛撫加上表揚的語言，就可以讓狗知道主人喜歡它這樣做。對於一條訓練有素的狗，主人的一個微笑，都會使它高興和滿足，這種精神獎勵的效果也許比物質獎勵更好。

另外，獎勵不要隨便給予，當狗把整個動作連續做下來時再獎勵它，或者當它表現得很乖時誇獎一下。如果動不動就給予獎勵，就會使它得意忘形。

獎勵也要及時，當狗聽口令完成了動作，就要立即獎勵，過早過晚都會使它迷惑。

4. 怎樣判斷狗的神經類型？

狗的神經類型可以在生活上和訓練過程中，透過觀察它對不同刺激的反應來判斷。

（1）判斷狗的興奮過程　當狗在吃食的時候，突然發出很大的聲音，如果狗若無其事地吃食，它就屬於安靜型的狗；如果它聽到響聲就停止進食，但並不離開食盆，一會又繼續吃，它就屬於活潑型的狗；如果狗聽到聲音馬上蹦起來，像是要發動攻擊，看看沒事又接著吃，這就是興奮型的狗。以上這些都是興奮過程較強的狗，容易訓練，還有一種抑制型的狗，會被這種突然發出的聲音嚇得不敢

吃飯，它在以後的訓練也中會被嚴厲的口令抑制，甚至停止一切活動。

（2）判斷狗靈活性的方法　在訓練過程中，你可在短時間內發出「不行」和「來」的口令，靈活性好的狗能很快從被抑制狀態中轉換過來，迅速執行命令；而靈活性差的狗反應就很慢。

另外，當它從一種生活環境遷移到新的環境中時，靈活性好的狗很容易適應新環境。

5. 不同類型的狗在訓練方法上有什麼不同？

由於每個狗的神經類型都不盡相同，它們表現出來的行為特點也不一樣，所以對不同狗的訓練手段也要有區別，否則就不能達到預期效果。

（1）興奮型的狗：這類狗一般膽大，攻擊性強，對外界刺激反應快，忘得也快，且容易厭倦。對於這類狗，主要是加強它的神經抑制過程，每次訓練前要充分遊散，或選擇它不興奮的時間、地點和物品訓練，比如吃飯後，以

降低一下興奮性。如果要糾正它的不良行為，可以採用較強的機械刺激，加強對它服從性的培養。

訓練時間不能過長，要循序漸進，急於求成就會引起不良後果。

（2）活潑型的狗：這類狗的神經興奮性與壓抑性同樣

的強,適應能力也很強,聰明易調教。但如果訓練方法不當,會使它養成不良習慣。比如,對食物反應強烈的狗,如果經常用食物刺激它,它就會養成貪吃的毛病。

（3）安靜型的狗:這類狗反應比較慢,但建立起條件反射比較鞏固。儘量選擇清靜和干擾少的地點訓練,提高它的興奮性和靈活性,就要多重複口令,訓練人要冷靜、耐心,不能操之過急。對於膽小的狗,要用溫和的語調發出命令,大聲呵斥會使它不敢接近主人。

6. 人的身體語言在訓練中有什麼作用?

當你命令狗停止時,是否也同時將自己的腳步停下?在訓練時,你要將自己的思維、語言和動作協調一致,狗才會清楚地理解你的意圖,順利地執行命令。

狗察言觀色的能力絲毫不比人差,所以,訓練中要注意你自己的表情和身體語言。比如,誇獎時要露出笑容,訓斥時則要沉下臉來;訓練中的手勢要準確,與日常習慣動作區別開來,注意你走路、轉身和停止時動作的準確性,如果你自己混淆了這些動作,那狗當然會迷惑不解了。

如果不能讓狗跟主人一起練習舉止,不規範的動作會強化它的錯誤,以後要改正可就難了。必要時,你還要跟狗摸爬滾打在一起,如果在訓練中怕弄髒了你的衣服而縮手縮腳,你將永遠馴不出一條優秀的狗。

7. 馴狗時容易發生的錯誤有哪些?

（1）對狗的能力估計過高。狗不具有邏輯思維能力,

有時我們覺得狗能聽懂主人的話，那是它會由主人的臉色和語氣來判斷它的行為是否得到了允許，事實上，狗並不能理解人類複雜的語言。

（2）在訓練過程中不正確使用牽引帶。比如，在進行隨行訓練時，先猛拉牽引帶，然後才發出「跟上」的口令，這樣就不能建立所要求的條件反射。

（3）環境和時間單一。一般來說，馴狗的環境應該是逐漸由清靜到繁雜，時間也要經常變換，這樣才能訓練出狗的真本事。

（4）訓練時用態度粗暴，或流露出不耐煩的情緒，會使狗產生害怕主人的條件反射。

（5）對狗過於溺愛，什麼都順著它，使它養成不良習慣，以至於難以完成訓練。

（6）對一些兇猛的狗膽怯和優柔寡斷，不果斷地制止其不良行為，結果使它妄自菲薄，訓練難以進行下去。

8. 天氣對馴狗有什麼影響？

當天氣陰沉時，狗常常表現得非常安靜，不願出去玩或接受訓練。像懶惰的人一樣，天氣不好時，狗會把一天的絕大部分時間用於睡覺。

天氣炎熱時，狗一整天都是昏昏欲睡，因為它不具備人那樣的散熱能力，所以，夏季馴狗應選擇清晨或傍晚。

大多數狗比較耐寒，但雨雪天氣會影響訓練品質，尤其是下雨天，憑氣味找東西的訓練就沒法進行。

刮大風的天氣會讓許多狗感到興奮，它們在風裏奔跑玩耍，但呼嘯的風聲和樹枝斷裂的聲音會讓一些膽小的狗

感到恐懼。風向對訓練也有很大影響,逆風能幫助狗感受聲音,順風則妨礙其對聲音的判斷,我們可有意識地利用風力和風向來增強一些專案的訓練。

9. 怎樣與狗建立依戀性?

主人與狗建立依戀性,是保證訓練順利進行的基本條件。對於幼狗要經常喚它的名字,和它做遊戲,讓它養成以主人為生活中心的習慣。

剛帶回家的狗,要由餵食、撫拍、遊戲、呼喚狗名等方法,使它逐漸熟悉主人的氣味、聲音和舉止,因此,你在與狗接觸的那一刻起,就應以溫柔和藹的態度對待它,並且餵狗和馴狗時,儘量不讓外人在場。

在與狗接觸的過程中,切忌急於求成,對於那些感情轉化慢的狗,要倍加愛護,它一旦建立起依戀性,就會相當牢固;對於兇猛和攻擊性強的狗,你要膽大心細,沉著冷靜,僅僅以暴力對付是不行的。

檢驗狗是否已與主人建立依戀性的標準是:當你出現在它面前時,它就興奮得搖頭擺尾,甚至跳躍歡騰;你離開時,它久久地站立注視;如果你藏起來,只要呼喚一下狗的名字,它就能急著尋找你並迅速跑向你。

10. 馴狗小竅門

(1)要誇獎與撫摸。訓練不是虐待狗,如果你經常用毆打的手段來教訓它,會使它對你不信賴,並且無可挽回地使狗與你的關係產生裂痕。所以要經常地誇獎和撫摸,讓狗理解你快樂的心情。

（2）馴狗要調整好你自己的心態，要耐心細緻，不厭其煩，因為再聰明的狗也不可能只教一兩次就能記住命令，它需要在訓練過程中逐漸形成記憶，所以，你不能有急功近利的思想。

（3）抓住最佳時機訓練。最好的訓練時間是在狗饑餓的時候，這時它盼望食物獎勵，就會表現得更機警，而且會全神貫注地接受訓練。須提示的是，狗的注意力集中的時間比人短，因此，要使訓練時間短些，最多不超過 15 分鐘。每天應該給狗餵食兩次，這樣可以創造出兩次訓練的好時間。

（4）培養適應能力。狗對它不喜歡的東西，多數是躲避，或衝著這東西吠叫。在這種情況下，主人要循循善誘，使它慢慢適應陌生事物。如果這時候對狗進行打罵的話，反倒會使它躲得更遠。

（5）馴狗要從生活中的每一個細節做起，如果刻意去訓練，效果反倒不太好。注意觀察你的夥伴的一舉一動，隨時告訴它應該怎麼做，而不要總是消極地制止它。對於幼狗，不要限定時間去訓練一個項目，可以一邊跟它玩一邊讓它學點技能。

第十二章 人與狗的交流

　　狗的心胸遠比人類寬廣，不管主人怎樣對待它，它對主人依然是那樣信任，甚至在受到人的虐待之後，也能很快在一塊骨頭中找回快樂，頗有「不與人類一般見識」的氣度。

　　試著學習狗的單純吧，放鬆自己，你就會像狗一樣快樂。

1. 什麼人容易受到狗的追趕和攻擊？

　　曾經被狗咬過或怕狗的人，看到狗就跑，這會誘發它的狩獵本能而去追趕，這時站住不動也許就沒事了，因為你無論如何是跑不過狗的。

　　狗喜歡追趕騎自行車的人，因為轉動的車輪會讓它誤以為是你在逃跑而追趕，此時不需要停下來，它也就斷了念頭。

　　用高音調說話或大聲笑的人，會引起狗的注意，它可能會攻擊或衝你吠叫。

　　有些無聊或過於自信的人，經常逗狗取樂。殊不知不管是兇惡還是畏縮的狗，都可能被逗出攻擊情緒。

　　有時候，一個很突然的動作，都會使一直注視著你的狗緊張，它會誤以為你是在威脅它而反擊。

還有，你對陌生狗彎下腰拍拍它的頭表示友好，但狗會以為你是想傷害它而攻擊你。

2. 被狗攻擊時怎麼辦？

有些人看到狗就怕，以為狗隨時都可能攻擊他。

其實不然，狗在咬人之前會發出警告，這時，你最好裝作若無其事的樣子，慢慢把距離拉遠。在此過程中最好避免雙方眼睛的直視，對狗而言，眼神對視是對它的挑釁；千萬不要因為慌張而逃跑，因為這樣做會刺激狗的狩獵本能而對你窮追不捨。

一般情況下，狗最初咬到人時，牙齒只是含住，而不是咬下去。它在等待你的反應，此時，你若放鬆被狗嘴含著的部位，它很可能就停止攻擊了；如果你試圖把手從狗嘴中抽出來，並且大喊大叫，那麼，它的牙齒就會咬下去了。

有些神經質的狗，淨做嚇唬人的表面文章，它氣勢洶洶地衝人吠叫，卻沒有勇氣進攻。你若給它一點顏色，它馬上就老實了；若是碰到膽小的人逃跑，它就會虛張聲勢地追趕起來。

3. 怎樣友好地接近陌生狗？

當人們看見一隻活潑可愛的狗時，往往會徑自走向它並伸手摸它的頭。多數狗願意接受人的撫摸，但是，它不喜歡陌生人摸它的頭。

狗對比自己視線高的動作會感到不安，所以，當你想要撫摸陌生的狗時，首先要蹲下來，它會放心一些。靠近

狗的動作也要緩慢，將一隻手慢慢地伸向狗的鼻子下方讓它嗅。在它熟悉了你的氣味後，它就會用搖尾巴的動作來向你表示友好，這時你就可以撫摸它了。

　　兒童在與陌生狗接觸時更要小心，因為，並不是所有的狗都喜歡小孩，所以在與狗親熱之前，最好先征得狗主人的同意。

　　有些特別敏感的狗，或曾經受過打擊的狗，在被人撫摸時會產生反感而逃走。你可以一邊和顏悅色地安慰它，一邊撫摸它的皮毛，讓它明白你是愛它的。動物最怕人摸它的肚子，如果它肯讓你摸它的腹部或尾巴，就表示它已經完全信賴你了。

4. 怎麼讓狗與孩子相處？

　　狗是很受歡迎的家庭寵物，尤其是小孩更喜歡與狗玩耍。在小孩年幼的時候，就應該讓他們瞭解狗的一些生活習性；同時，也要細心地管教好家裏的狗，要知道，它們的天性或一些無意的行為都有可能傷著孩子。

　　在嬰兒出生之前，就要訓練家中的狗只能在你的允許之下，才可一起進入嬰兒房。在把嬰兒由醫院帶回家之前，可先將嬰兒的衣物帶回家，讓狗聞一下，使它認識並

習慣這種氣味。在嬰兒到家時，狗如果表現得很安靜，就給它一些獎勵。若它是一隻容易緊張的狗，最好先用鏈子把它拴好。

一般情況下，狗不會嫉妒剛出生的嬰兒，只要你像以前一樣對待它，經常和它聊天。

當狗想獨佔主人的情感，而嫉妒小孩甚至攻擊小孩時，你就要想辦法讓它與小孩和睦相處：當小孩不在面前時，你要冷落狗；當小孩與狗在一起時，你要表示對狗的關心、愛撫，並餵它一塊可口的食物，狗就會漸漸明白小孩的出現同樣可使它得到主人的關愛。

狗與小孩一起玩時，大人要在場監督，不要讓狗和小孩因為搶玩具而打架。另外，狗喜歡主人撫摸它，但也許不習慣小孩急促的動作。當你的孩子長大時，可讓他做一些為狗梳理、餵食等有趣的工作，這樣你的孩子就會逐漸與家裏的狗建立親密關係。

有些品種的狗，尤其適合家中有小孩的環境。例如：拉布拉多犬、金毛尋回犬、德國牧羊犬、澳洲牧羊犬、聖伯納犬等，這些中大型狗的情緒較穩定。

5. 怎樣幫狗克服焦慮？

當家裏來了一隻貓，或別的什麼寵物時，或者當狗意識到主人不愛它時，都有可能傷心焦慮。

患焦慮症的狗一步不離地跟著主人，睡覺時也靠著主人，一隻爪子還抓

著主人的腳，當它找不到主人時，會在屋子裏用爪子撓門或吠叫不停，這都是過分依賴的表現。還有的狗焦慮得行為失控而隨地大小便。

通常，狗意識不到自己幹了些什麼，如果你發現它因無聊而破壞了家裏的東西，不要發火，否則只會使它更加焦慮。

對於患了焦慮症的狗，你要多給它些關愛，當它表現得好時，抓住機會多給些表揚和鼓勵，它就知道了主人喜歡它做什麼，這樣，狗才會覺得跟你在一起是快樂的；如果你總是對它板著面孔說不能這樣，或那樣也不行，你的愛犬就會更加焦慮不安，它還會為自己不討主人的喜歡而傷心呢！

6. 怎樣做個好主人？

把幼狗帶回家的那一刻起，你就應該承擔起作為狗的主人的義務，比如餵食、清潔和保護它的安全，並且讓它分享家的溫馨；你有責任讓它懂得人類的生活規則，讓它按照你的意願行事。

還應該注意：

（1）能夠設身處地為狗的利益著想，為自己做某些安排時，不能忘記將狗的情況考慮進去。

（2）日常生活中能發現和理解這個狗夥伴的各種行為，熟悉它的脾氣和好惡，掌握它的優點和不足，並採取相應的措施和教育方法。

（3）瞭解狗的天性，樂於接受它的感情；關注狗情緒的微妙變化，及時發現它身體上的不舒服。

（4）儘量把狗訓練得彬彬有禮，不至於使他人和鄰居討厭。

（5）永遠不要遺棄生病或年老的狗。

（6）帶狗上街時，一定要用牽引帶牽著，使它遠離車禍危險；帶好鏟子等工具，及時清理狗的糞便。

小知識集錦

1. 狗是近視眼加色盲嗎？

狗的視力不好，對於靜止的物體 50 公尺之外就看不清了，但它對運動著的目標可以看到 800 多公尺遠。

在狗眼裏只有黑白兩色，但它對光線的明暗變化很敏感，所以「導盲犬」能夠區分紅綠燈的變化，而且它在黑暗中也能看清物體，這是狗等夜行動物的特點。

2. 狗躺倒露出肚皮表示什麼？

兩隻狗在爭鬥時，如果其中一隻突然躺下來露出肚皮，目光中露出乞求的神色，四條腿哆嗦著或收於腹部，尾巴夾在後腿間，這是投降的表示。

狗在玩耍時躺在地上露出肚皮，是告訴你它很放鬆，你可以任意撫摸它。這時它的尾巴在不停地輕搖，眼睛微閉，嘴裏快活地哼哼著，有時還用前爪抓撓你的腳，表示它想與你親近。

3. 狗喜歡看電視嗎？

我們常常可以看到這樣的場面，電視裏播放著連續劇，狗靜靜地趴在主人腳邊，似乎也在全神貫注地看電

視，難道它是被電視上的精彩節目所吸引嗎？

事實上，狗根本不會欣賞電視節目，它是覺得跟主人在一起非常幸福。如果它偶爾對電視表現出興趣，那是因為螢幕上出現了一些小動物。

4. 狗為什麼喜歡襪子？

我們經常看見狗叼起主人剛脫下的襪子，因為那上面有主人的氣味，這種氣味可以告訴狗關於主人的很多事情，比如剛才吃了什麼，去了哪裡，心情如何。

偶爾狗也會搖晃著襪子，並且喉嚨裏發出憤怒的聲音，那就是它把襪子想像成了小動物，想殺死它，看起來狗的想像力還挺豐富！

5. 狗為什麼能從千里之外找回家呢？

這是因為狗與主人之間有一條愛的紐帶在連接著，用一個中國詞來表達，就是「氣場」。在狗的意識裏是沒有分離的，甚至死亡也不能讓它忘記主人。一旦狗與所愛的主人分開，它就會被強烈的尋找意識所左右。並且，狗沒有空間和時間的概念，它會沒日沒夜地尋找主人，即使渾身傷痕累累也不停息，頗有不達目的的誓不甘休的勁頭。

6. 狗在過年時為什麼也會興高采烈？

我們常常看到狗在過年過節時也會興高采烈，其實人類的節日對狗來說毫無意義，它只是因為主人的高興而高興。

狗不善於思考，但能夠憑直覺對周圍的事物進行判

斷，它時刻注意著主人的一舉一動，感受著主人的情緒。

7. 狗爲什麼樂於追逐？

對狗來說，追逐是最快樂的事情，那些奔跑的小動物和轉動的車輪都刺激了它的狩獵欲望，它總是盡力追逐，儘管往往以失敗告終，但它從沒有放棄過，它的意識裏沒有失敗這個詞。

這種「狗脾氣」是值得人類借鑒的，我們在追求理想時也應有些狗脾氣，這樣的生活總是充滿希望的。

8. 狗出生時是什麼樣子的？

剛出生的小狗崽都閉著眼睛，直到 10 天左右才睜開。眼睛是灰色的，一直長到 12 週才變到成年狗的顏色。它的聽覺是 2 週後才有。到第 8 週開始長乳牙。

剛出生的狗崽體溫不能自己調節，它往往鑽到母狗肚子下，或跟同伴們擠在一起取暖。

9. 怎樣計算狗的年齡？

一般情況下，狗的壽命為 10～15 年，它的第一年相當於人的 14 歲，以後它每活一年相當於人活 7 年。也就是說，如果一條狗能夠活到 10 年，就等於人活到 77 歲。

10. 爲什麼幼狗喝牛奶就拉肚子？

因爲牛奶和狗奶的營養成分不盡相同，狗奶中含有高蛋白、高脂肪和低乳糖，而牛奶的成分正相反。幼狗的胃中沒有足夠的乳糖酶來消化過量的乳糖，所以它喝了過多的牛奶就會拉肚子。

11. 狗怎樣吃雞蛋？

對狗來說，蛋黃既好消化又是優質蛋白質；而蛋清則不能給它吃，因爲它消化不了。

狗如果吃了生雞蛋，身體就會產生一些不適，比如皮膚乾燥或脫毛。

12. 狗咳嗽是生病了嗎？

有的主人一聽到愛犬咳嗽就緊張，就以爲它生病了，其實不然，狗睡醒或興奮時都有可能咳嗽。

導致咳嗽其他的原因還有很多，比如，狗從溫暖的室內突然到寒冷的室外，受冷空氣刺激；還有的主人在房間內吸煙，會把狗嗆得直咳嗽。

當然心臟病、犬瘟熱等疾病也會引起它的咳嗽。所以，當愛犬咳嗽的時候，你要仔細觀察一下，如果它在咳嗽的同時還有其他症狀，比如鼻子或眼睛裏有分泌物、精神沉鬱、食慾減退以及嘔吐腹瀉，你就不可掉以輕心了！

13. 怎樣判斷狗的膽量？

判斷狗的膽量可以觀察它對突然發出聲音的反應，膽

大的狗在被嚇了一跳後，就向著聲音的方向豎起耳朵，警惕地注視；而膽小的狗則被嚇得夾起尾巴東躲西藏。

14. 狗有嫉妒心嗎？

與人一樣，狗也有嫉妒心。每一條狗都希望獲得主人的寵愛，當主人愛撫另一隻狗或其他小動物時，它就會衝過去橫加阻攔，並找機會對受寵者打擊報復，同時它會以冷淡主人和對主人的命令不理不睬等方式來表達它的不滿。

15. 爲什麼狗總愛張嘴喘氣？

狗的汗腺不發達，不能像人一樣透過皮膚出汗的形式，將其身體產生的過多熱量散發出去，而只有在腳趾上能分泌點汗水。

所以在大熱天，狗只能由加快呼吸、張嘴吐舌、流口水等形式將熱量散發出去。

16. 怎樣爲狗分類？

現在，世界各國沒有對狗進行統一的分類，美國養狗俱樂部將狗分為槍獵類獵犬、細犬類獵犬、非獵犬、作業犬、玩賞犬、梗犬和牧犬七種。英國養狗俱樂部把狗分為獵犬、槍獵犬、梗犬、使役用犬、作業犬和觀賞犬六類。我國是按照狗的體型分為大型、中型和小型三種。

17. 怎樣區別狗與狼？

在睡態上可以分辨狗與狼。狗仔睡覺時總是擠成一堆，從彼此身上獲得熱量；而狼崽在6個星期大小時，就與兄弟姐妹分開睡。成年後的狼即使躺在一起很近，也不會互相擠靠著了；而成年狗只要有同伴在一起就躺成一堆，沒有同伴就靠在人的大腿旁。

18. 爲什麼狗有時會離家出走？

這是狗的祖先——狼遺傳下來的性格，狼在野外過著自由自在的游擊生活，每天要跑幾公里尋找食物。

如今的狗雖然生活在人類家庭裏衣食無憂，但它記憶裏那種對自由的渴望還沒有消失，你看它在草地上奔跑起來是多麼的快活！

那些出走的狗其實並不喜歡常年在外流浪，它只是在大自然中迷失了自我。去找它吧，讓它重新回到溫暖的家。

19. 狗打噴嚏會使人傳染生病嗎？

這是很多養狗人關心的問題，如果狗感冒了，會不會在打噴嚏時傳染給最親近的主人呢？

除了一些人畜共患傳染病外，寵物的呼吸道疾病一般不會對人的健康構成威脅，因為人畜呼吸道的致病病原有別。

20. 狗的呼氣爲什麼很難聞？

狗的呼氣有異味，是它的身體哪裡出了毛病，是牙齒

疾病還是消化問題？

飲食不平衡也會影響狗的呼氣，當它的食譜中有蛋白質和蔬菜，其他營養也十分平衡時，它的呼吸自然就很正常。

21. 忍耐噪音的訓練

狗對聲音比人敏感得多。當它初次上街時，會被汽車喇叭聲嚇得夾起尾巴不敢走路，這就需要你平常有意識地訓練它適應一些聲音。比如，吃飯前敲擊狗的碗盤，讓它覺得聲音同吃飯一樣，是很平常的事；或用磁帶錄製一些雷聲、車聲和槍擊聲，在狗吃飯時先輕聲放給它，再逐漸加大音量，對於膽怯的狗還要撫摸著安慰它。

不同的狗有不同的天賦，一些狗可以做做看家護院之類的簡單的工作，而有的狗學習能力很強，比如德國牧羊犬和拉布拉多犬，經過培訓可以出色地完成幫助殘疾人的工作。所以，對於那些有靈性的狗，技能訓練是十分必要的。

國家圖書館出版品預行編目資料

家庭寵物犬訓練／董大平　楊　洋　著
　　　——初版，——臺北市，大展，2007〔民96〕
　　　面；21公分，——（休閒娛樂；12）
　　　ISBN　978-957-468-565-3（平裝附影音光碟）
1.犬訓練　2.寵物飼養
437.668　　　　　　　　　　　　　　96015117

家庭寵物犬訓練＋VCD　ISBN 978-957-468-565-3

編　著／董大平　楊　洋
責任編輯／張　力
發 行 人／蔡森明
出 版 者／大展出版社有限公司
社　　址／台北市北投區（石牌）致遠一路2段12巷1號
電　　話／（02）28236031・28236033・28233123
傳　　眞／（02）28272069
郵政劃撥／01669551
網　　址／www.dah-jaan.com.tw
E－mail／service@dah-jaan.com.tw
登 記 證／局版臺業字第2171號
承 印 者／弼聖彩色印刷有限公司
裝　　訂／建鑫印刷裝訂有限公司
排 版 者／弘益電腦排版有限公司
授 權 者／北京體育大學出版社
初版1刷／2007年（民96年）10月

定　價／350元

推理文學經典巨著，中文版正式授權

名偵探明智小五郎與怪盜的挑戰與鬥智
名偵探柯南、金田一都讚嘆不已

日本推理小說鼻祖—江戶川亂步

1894年10月21日出生於日本三重縣名張〈現在的名張市〉。本名平井太郎。
就讀於早稻田大學時就曾經閱讀許多英、美的推理小說。
畢業之後曾經任職於貿易公司，也曾經擔任舊書商、新聞記者等各種工作。
1923年4月，在『新青年』中發表「二錢銅幣」。
筆名江戶川亂步是根據推理小說的始祖艾德嘉・亞藍波而取的。
後來致力於創作許多推理小說。
1936年配合「少年俱樂部」的要求所寫的『怪盜二十面相』極受人歡迎，
陸續發表『少年偵探團』、『妖怪博士』共26集……等
適合少年、少女閱讀的作品。

1 ～ 3 集　定價300元　試閱特價189元